U0650542

生态环境保护理论与管理探索

邵润蛟　和小平　张少华　李维伦 主编

中国环境出版集团·北京

图书在版编目（CIP）数据

生态环境保护理论与管理探索 / 邵润蛟等主编 .
北京 ：中国环境出版集团，2025. 6. -- （内蒙古低碳发
展系列丛书）. -- ISBN 978-7-5111-6230-4

Ⅰ. X171.4

中国国家版本馆 CIP 数据核字第 2025U9F454 号

责任编辑　易　萌
封面设计　彭　杉

出版发行　中国环境出版集团
　　　　　（100062　北京市东城区广渠门内大街 16 号）
　　　　　网　　址：http://www.cesp.com.cn
　　　　　电子邮箱：bjg1@cesp.com.cn
　　　　　联系电话：010-67112765（编辑管理部）
　　　　　　　　　　010-67112739（第三分社）
　　　　　发行热线：010-67125803，010-67113405（传真）
印　　刷　北京中科印刷有限公司
经　　销　各地新华书店
版　　次　2025 年 6 月第 1 版
印　　次　2025 年 6 月第 1 次印刷
开　　本　787×1092　1/16
印　　张　9.75
字　　数　210 千字
定　　价　52.00 元

【版权所有。未经许可，请勿翻印、转载，违者必究。】
如有缺页、破损、倒装等印装质量问题，请寄回本集团更换。

中国环境出版集团郑重承诺：
中国环境出版集团合作的印刷单位、材料单位均具有中国环境标志产品认证。

编委会

主　编：邵润蛟　　和小平　　张少华　　李维伦

副主编：王　福　　梁守政　　石慧龙　　行　安
　　　　包　菡　　赵婧丹

编　委：律严励　　段志国　　胡敬韬　　杨　帆
　　　　张兆成　　王永佳　　王家玉　　沈金霞
　　　　王　凯　　樊　冲　　马玉波　　王嫣然
　　　　刘　楠　　魏舒雅　　许明明

前　言

在全球化的今天，环境问题越发凸显其紧迫性和复杂性。随着工业化和城市化的快速推进，全球气候变化、生物多样性减少、环境污染等问题日益严重，给人类社会和自然环境造成了巨大压力。面对这些挑战，人们迫切需要深入理解生态保护的内涵与要求，探索科学的环境管理方法，本书正是在这样的背景下应运而生的。本书旨在全面系统地探讨生态保护和环境管理的理论与实践，以期为实现可持续发展提供有力支撑。通过深入研究，期望能够为环境保护工作提供有益的参考和借鉴。

本书首先概述了生态保护与环境保护的现状及其发展趋势，阐述了生态环境保护与管理的重要性。然后从生态学与环境管理的理论基础入手，深入探讨生态系统的结构与功能、生态环境要素，以及生态学在环境保护中的应用。在此基础上，构建生态环境管理的综合框架，详细阐述生态环境管理的内容与职能、技术基础、实施方法和行政手段。在具体实践方面，本书分别针对水资源、土地资源、森林资源等环境要素，探讨其环境保护与管理实践，揭示各类环境要素保护与管理中的关键问题和挑战，并提出相应的解决策略与路径。此外，本书还重点介绍了生态工程与生态修复设计的相关内容，为生态环境修复与重建提供了理论支持和实践指导。

本书系统性强，理论与实践相结合，结构清晰，易于理解，是值得一读的生态环境保护与管理领域的参考书籍。通过阅读本书，读者可以深入了解科学的环境管理方法和技能，为推动我国生态环境保护事业的发展贡献自己的力量。在此，感谢所有为本书编写付出辛勤努力的专家和学者，同时也期待读者能够提出宝贵的意见和建议，共同推动生态环境保护事业的进步。

目　录

第一章 绪 论

随着工业化进程的加速和人口的不断增长，生态环境保护已成为当今社会全球关注的焦点。环境恶化、资源枯竭等问题日益凸显，对人类生存和发展构成了严重威胁。因此，深入理解生态保护的意义、探讨环境保护的发展历程，以及强化生态环境保护与管理的重要性，显得尤为迫切。

第一节 生态保护概述

一、生态保护的概念与对象

（一）生态保护的概念

生态保护是指人类有意识地采取行动来保护生态环境，其核心在于以生态学为指导，遵循生态规律，通过采取一系列措施和对策来实现这一目标。生态保护的关键在于应用生态学的理论和方法，深入研究并解决人类与生态环境相互影响的问题，以协调人类与生物圈之间的关系。

自改革开放以来，我国政府高度重视生态环境保护与建设工作，党中央、国务院采取了一系列战略措施，加大了生态环境保护与建设的力度，努力使一些重点地区的生态环境得到有效保护和改善。但由于我国人均资源相对不足，地区差异大，生态环境脆弱，生态环境恶化的趋势仍未得到有效遏制。因此，为了实现可持续发展的目标，需要进一步加强生态保护工作，注重生态平衡，推动经济社会发展与生态环境保护的协调发展，促进生态文明建设。

（二）生态保护的对象

生态保护的对象非常广泛，可以是人类生态系统这个整体，也可以是其生态环境中的某个组成部分，或整个地球表层的生态环境，或整个生物圈及其组成部分。

生态保护工作包括自然生态系统保护、自然资源保护、生物多样性保护、自然保护区建设与管理、农村生态保护、城市生态保护及生态环境管理。

二、生态保护的方针与原则

（一）生态保护的方针

中国环境保护工作方针："全面规划，合理布局，综合利用，化害为利，依靠群众，大家动手，保护环境，造福人民。"这条方针是 1972 年中国在联合国人类环境会议上提出的，在 1973 年举行的中国第一次环境保护会议上得到了确认，并写入1979 年颁布的《中华人民共和国环境保护法（试行）》。

中国环境保护工作方针指明了环境保护是国民经济发展规划的一个重要组成部分，必须纳入国家、地方和部门社会经济发展规划，做到经济与环境的协调发展；在安排工业、农业、城市、交通、水利等项建设事业时，必须充分注意对环境的影响，既要考虑近期影响，又要考虑长期影响；既要考虑经济效益和社会效益，又要考虑环境效益；全面调查，综合分析，做到合理布局；对工业、农业、人民生活排放的污染物，不是消极的处理，而是要开展综合利用，做到化害为利，变废为宝；依靠人民群众保护环境，发动各部门、各企业治理污染，使环境的专业管理与群众监督相结合，使实行法制与人民群众自觉维护相结合，把环境保护事业作为全国人民的事业；保护环境是为国民经济健全持久的发展和为广大人民群众创造清洁优美的劳动和生活环境服务，为当代人和子孙后代造福。

（二）生态保护的原则

第一，经济、社会、生态三种效益统一的原则。处理好人类社会经济发展与生态环境的关系，协调人类活动与生态环境的相互关系，为此经济建设、城乡建设与生态建设要同步规划、同步实施、同步发展，做到经济效益、社会效益和生态效益的统一。

第二，综合利用的原则。生态系统及自然资源具有多种效用，而几种不同类型的自然资源又往往共生在一起，因此应该充分利用生态系统和自然资源的这种特点，在自然资源的开发、利用中力争做到综合开发与利用，使自然资源能够物尽其用，减少浪费，使宝贵的自然资源发挥最大的作用。

第三，因地制宜的原则。生态环境和自然资源都有显著的区域性，区域分异很明显。因此，在生态环境和自然资源的开发与利用中，必须坚持因地制宜的原则。既要借鉴其他地区的经验，又要结合本地区的实际，提高预见性，避免和减少盲目性。

第四，开发利用与养护更新相结合的原则。根据可持续发展的理论，对可更新的自然资源一定要确保其更新能力，使之可以永续利用。即使是不可更新或难以更新的自然资源也要坚持节约使用和综合利用的原则，延长自然资源利用时间，充分发挥自然资源的作用。

三、生态保护的任务与机构

（一）生态保护的任务

生态保护的目的是保护人类赖以生存的生态环境，使人类活动增强预见性和计划性，克服对自然资源利用的盲目性和破坏性，使人类能够主宰自己的命运，实现可持续发展。为此确定了生态保护的三大目标：①保护生命支持系统和重要的生态过程；②保存基因的多样性；③保证现有物种与生态系统的永续利用。

为了达到上述目标，生态保护有十项具体任务：①确保可更新自然资源的持续存在；②确保和维持自然生态系统的动态平衡；③确保物种的多样性和基因库的发展；④保护脆弱而有典型代表性的生态环境；⑤保护珍贵稀有的野生动植物；⑥保护水源的涵养地；⑦保存具有科学和学术价值的研究对象与场所；⑧保护野外休养地和娱乐场所的环境；⑨保护乡土景观生态；⑩保护农业生态系统与农业自然资源。

（二）生态保护的机构

负责生态保护的机构主要有生态环境部门和其他各相关部门。

1. 生态环境部门

（1）生态环境部。生态环境部贯彻落实党中央关于生态环境保护工作的方针政策和决策部署，在履行职责过程中坚持和加强党对生态环境保护工作的集中统一领导。

（2）省（区、市）生态环境厅（局）。负责其管辖范围内生态保护的统一监督管理工作。

（3）市生态环境局。负责其管辖范围内生态保护的统一监督管理工作，部分城市的生态环境局设立自然生态保护处，负责开展自然生态保护工作。

（4）县（区）和县级市的生态环境局。负责县（区）和县级市生态保护的统一监督管理工作。

2. 其他各相关部门

生态保护不仅由生态环境部门负责监督管理工作，也由农业农村、林业和草原、水利、海洋、国土资源部门负责监督管理工作。

第二节 环境与环境保护发展

环境是人类赖以生存和繁衍的重要物质基础与物理空间，环境中各种因素的变化与人类息息相关。

一、环境的内涵及其分类

（一）环境的内涵

环境科学所研究的环境可分为自然环境和人工环境两种。

第一，自然环境。自然环境是指在人类出现之前就存在的人类赖以生存、生活和生产所必需的自然条件与自然资源的总称。

第二，人工环境。人工环境是指由于人类的活动而形成的环境要素，它包括由人工形成的物质、能量和精神产品，以及在人类活动中形成的人与人之间的关系。人工环境的好坏对人的工作与生活、社会的进步具有很大的影响。

（二）环境的分类

环境通常按照环境范围的大小、环境的主体、环境的要素、人类对环境的作用，以及环境的功能来分类，一般可以分为以下四种。

第一，聚落环境。聚落是人类聚居的地方与活动中心。

第二，地理环境。它是指人类周围的自然现象的总体范围。地理环境位于地球的表层，即岩石圈、水圈、大气圈和生物圈相互制约、相互渗透、相互转换的交错带上。

第三，地质环境。它是指地理环境中除生物圈以外的其余部分。它能为人类提供丰富的矿物资源。

第四，宇宙环境。环境科学中的宇宙环境是指地球大气圈以外的环境，又称星际环境。

二、环境保护的发展阶段

环境保护是一项范围广、综合性强、涉及领域广，又有自己独特对象的工作。概括起来说，环境保护是利用现代环境科学的理论与方法，协调人类和环境的关系，解决各种环境问题，是保护、改善和创建环境的一切人类活动的总称。人类社会在不同历史阶段和不同国家（地区），有各种不同的环境问题，因而环境保护工作的目标、内容、任务和重点，在不同时期和不同国家（地区）是不同的。

近百年来，世界各国的环境保护工作大致经历了以下四个发展阶段。

（一）限制阶段

限制阶段着眼于对环境污染问题的认知和控制。早在 19 世纪就已经出现了一系列环境污染事件（如英国的泰晤士河污染和日本的足尾铜矿事件），为环境问题的认知奠定了基础。八大公害事件如马斯河谷烟雾和洛杉矶光化学烟雾等，进一步凸显了环境污染对人类健康和生存的威胁。在此背景下，各国政府开始采取限制措施，如伦敦制定法律限制燃料使用和污染物排放时间，以控制环境污染的扩散和加剧。

（二）"三废"治理阶段

进入"三废"治理阶段，各国环境污染问题更加突出，迫使政府成立了环境保护专门机构。工业"三废"是指工业生产过程中产生的废水、废气和废渣，其中含有多种有毒有害物质，若不妥善处理直接排放到环境中，一旦超过生态环境容量，就会污染环境，破坏生态平衡，影响工农业生产和居民身体健康。[①] 在这一阶段，环境保护工作主要聚焦于治理污染源和减少排污量。政府通过颁布环境保护法规和标准，加强法治，实施法律措施来规范企业行为。此外，政府还采取了经济措施，如给予企业补助资金、征收排污费等，以激励企业减少污染排放。尽管投入了大量资金，环境污染得到了一定程度的控制，但尾部治理措施被动，效果不尽如人意。这表明，在"三废"治理阶段，对环境污染问题的认知和治理手段虽有了较大进步，但仍需要进一步改进和完善，特别是在尾部治理方面需要采取更加有效的措施来确保环境的持续改善和保护。

（三）综合防治阶段

1972 年，联合国在瑞典斯德哥尔摩召开人类环境会议，通过了《人类环境宣言》，这标志着国际社会开始关注环境问题。此次会议加深了对环境问题的认识，拓宽了环境问题的范围，将生态环境破坏问题纳入考虑。人们逐渐意识到，环境不仅涉及污染，还与人口、资源和发展密切相关，因此，解决环境问题需要从整体上思考和行动。建设项目环境影响评价制度和污染物排放总量控制制度从过去的单项治理发展到了综合防治，这为环境保护提供了更系统、更综合的思路和方法。

---

① 林树涛. 绿色发展视域下工业三废排放及治理方法研究 [J]. 中国资源综合利用，2022，40(7): 175.

（四）规划管理阶段

在面临经济萧条和能源危机的挑战时，各国必须以长远的视角来协调发展、就业和环境的关系。政府需要制定长期的政策来平衡经济增长与环境保护的需求。这意味着应重视环境规划和管理，以确保所出台的措施既促进经济发展又保护环境，实现经济与环境效益的双赢。例如，投资于可再生能源、提高能源效率和推动清洁生产的举措都是向这个方向迈出的重要步伐。通过不断提高环境质量，可以确保可持续的发展路径，为未来的经济增长奠定基础。

这一阶段，许多国家在治理环境污染上进行了大量投资。环境保护在宏观上促进了经济的发展，既有经济效益，又有社会效益和环境效益；但在微观上，尤其在某些污染型工业和城市垃圾治理等方面，环境污染治理投资较高，运营费用较大，对产品成本有所影响，成为城市社会经济发展重要的制约因素。

1992年，在里约热内卢召开的联合国环境与发展大会标志着环境保护迈向新征程。会议的目标是探求环境与人类社会发展的协调方法，实现可持续发展。会议宣告了"和平、发展与保护环境是相互依存和不可分割的"理念，将环境保护与人类发展、社会进步联系起来。这一理念的提出拓宽了环境保护工作的范围，使环境与发展成为世界环境保护工作的主题。

第三节　生态环境保护与管理的重要性

一、生态环境保护的重要性

"社会经济的飞速发展，给人们群众的日常生活带来了日新月异的变化。在粗放式的经济发展模式下，环境问题已经成为事关人们身心健康、破坏经济社会可持续发展的重要问题。"[①] 从生态学的视角出发，生态环境的保护对维护生物多样性、保持生态平衡、促进自然资源的合理利用等具有不可替代的作用。

第一，生态环境保护对维护生物多样性具有决定性意义。生物多样性是地球生命系统的基石，它包含从基因到物种、从生态系统到景观的多个层次。生物多样性的丰富程度直接影响生态系统的稳定性和复杂性，进而影响人类的生存环境和自然资源供给。然而，随着人类活动的不断扩张，生物多样性正面临前所未有的威胁，如栖息地被破坏、过度开发、污染排放等。因此，加强生态环境保护，减少人类活动对生物多

---

① 黄忠平. 生态环境保护行政管理体制改革方案初探 [J]. 环境与发展，2017，29(3): 261.

样性的影响是维护生物多样性的关键所在。

第二，生态环境保护对保持生态平衡至关重要。生态平衡是生态系统内部各种生物之间以及生物与环境之间相互作用、相互制约所达到的一种相对稳定的状态。这种状态对维持生态系统的正常功能和人类的生存环境具有重要意义。然而，由于人类活动的干扰，生态平衡往往会被打破，导致生态系统功能的紊乱和生态灾害的发生。例如，森林砍伐、草原退化、湿地破坏等都会导致生态系统功能的减弱甚至丧失，进而影响到人类的生存环境和社会经济发展。因此，生态环境保护的重要性在于通过减少人类活动对生态系统的干扰保持生态平衡，确保生态系统的健康稳定发展。

第三，生态环境保护对促进自然资源的合理利用具有积极意义。自然资源是人类生存和发展的物质基础，包括水资源、土地资源、矿产资源、生物资源等。然而，由于人类的不合理开发和利用，自然资源正面临日益严重的浪费和破坏。这不仅加剧了资源短缺的问题，还导致了环境污染和生态破坏。因此，生态环境保护的关键在于通过合理规划和管理自然资源，实现资源的可持续利用和环境的可持续保护。这包括加强资源节约和循环利用、推广清洁生产和绿色技术、完善资源有偿使用制度和生态补偿机制等。

第四，生态环境保护具有深远的社会经济意义。随着人们环保意识的提高和环保法规的完善，越来越多的企业和个人开始关注生态环境问题，并将其纳入自身的经营和发展战略中。这不仅有助于推动绿色产业的发展和壮大，还能促进经济的可持续发展和社会的和谐稳定。同时，生态环境保护还能提升国家的国际形象和竞争力，为国家的长远发展奠定坚实的基础。

在学术层面，生态环境保护的研究呈现出多元化的趋势。越来越多的学者从生态学、环境科学、经济学、社会学等多个学科出发，探讨生态环境保护的理论、方法和实践。这些研究不仅丰富了生态环境保护的理论体系，还为实践提供了有力的指导和支持。

二、生态环境管理的重要性

生态环境管理在当今社会的重要性不容忽视，它涉及人类与自然环境的和谐共生，对维护地球生态平衡、促进可持续发展以及提升人类生活质量具有深远影响。

第一，生态环境管理的首要任务是保护地球生态平衡，确保自然资源的合理利用和再生。生态系统是地球生命的基石，为人类提供了食物、水源、空气等生存必需品。然而，随着工业化、城市化的快速发展，人类活动对生态环境的破坏日益加剧，导致生态平衡失调、生物多样性减少。生态环境管理通过制定科学合理的政策与措施，限制人类活动对生态环境的负面影响，恢复受损生态系统的功能，促进生物多样性的保持与提升。这不仅有助于维护地球生态平衡，也为人类提供了更加丰富的自然资源。

第二，生态环境管理是实现可持续发展的重要保障。可持续发展要求在满足当代人需求的同时，不损害后代人满足需求的能力。这意味着人类需要在经济发展与生态环境保护之间寻求平衡。生态环境管理通过推广清洁生产技术、提高资源利用效率、加强污染治理等措施，减少经济发展对生态环境的压力，推动经济社会向绿色、低碳、循环方向转变。这种发展模式不仅能够保障人类当前的生活质量，还能够为后代留下更加美好的生存环境。

第三，生态环境管理在全球气候变化应对中发挥着关键作用。全球气候变化已经成为当今世界面临的最严峻挑战之一，它给人类带来了极端天气、海平面上升、冰川融化等一系列严重问题。生态环境管理通过加强温室气体排放控制、推动清洁能源发展、提高能源利用效率等措施，有助于减少温室气体排放，降低全球气候变暖速度。同时，生态环境管理还关注生态系统对气候变化的适应能力，通过保护森林、湿地等生态系统，提高生态系统对气候变化的抵御能力，为应对全球气候变化提供有力支持。

第四，生态环境管理对提升人类生活质量具有重要意义。优美的自然环境不仅能够给人带来精神上的愉悦和放松，还能够促进身心健康。生态环境管理通过提高环境质量、保护自然景观、建设宜居城市等措施，为人们提供更加舒适、健康、安全的生活环境，有助于提高人们的幸福感和满意度，促进社会的和谐稳定。

第五，生态环境管理的发展离不开科技的支持。随着科学技术的不断进步，人类对生态环境的认识越来越深入，生态环境管理的手段和方法也在不断更新与完善。生态环境管理通过推动环保科技研发、推广环保技术应用等措施，促进了科技进步与创新。这些科技成果不仅为生态环境管理提供了有力支持，也为其他领域的发展提供了借鉴和参考。

第六，生态环境问题是全球性问题，需要各国共同应对。生态环境管理在国际合作与交流中扮演着重要角色。通过加强国际合作与交流，各国可以共享生态环境管理的经验和技术，共同应对生态环境问题。这种合作与交流有助于增进各国之间的友谊和互信，推动构建人类命运共同体。

第二章　生态学与环境管理的理论基础

随着全球环境问题的日益严峻，生态学与环境管理成为人们关注的焦点。当前，环境污染、生态失衡等问题日益凸显，对人类社会和自然环境造成了深远的影响。在这一背景下，深入理解生态学与环境管理的理论基础，对实现可持续发展、维护生态平衡具有重要意义。

第一节　生态学与生态系统

一、生态学的定义

在学术领域中，生态学作为一门综合性极强的科学，其定义随着研究的深入和学科的交叉融合而不断丰富与完善。从广义上讲，生态学是研究生物与环境之间相互关系及其作用机理的科学。它不仅关注生物个体与环境的互动，还探究生物种群、群落、生态系统乃至生物圈层面的复杂关系。

生态学的研究对象包括从微观的分子、细胞到宏观的物种、种群、群落和生态系统等多个层次。在这些层次上，生态学关注生物与环境之间的物质循环、能量流动和信息传递过程，以及这些过程如何影响生物的生存、繁衍和进化。生态学的核心理念是生物与环境之间的相互作用和相互依赖，这种依赖关系构成了一个复杂的生态网络，其中任何一个环节的改变都可能对整个网络产生深远的影响。

在生态学的发展历程中，其定义逐渐从简单的生物与环境关系研究扩展到包括人类活动在内的更为广阔的领域。现代生态学强调人类活动对生态系统的影响，以及如何通过科学的方法和管理策略实现生态系统的可持续利用与保护。因此，生态学不仅是一门自然科学，它还具有强烈的社会科学属性，涉及环境保护、资源管理、政策制定等多个方面。

在学术研究中，生态学的定义呈现出多样性和包容性。一方面，它关注生物与环境之间的基本规律和机制，如物种竞争、共生、捕食等生物间关系，以及气候、土壤、水文等环境因素对生物的影响。另一方面，它也关注生态系统的服务功能，如碳储存、水源涵养、气候调节等，以及这些功能如何为人类社会提供福祉。

随着全球环境问题的日益严峻，生态学的研究内容和应用领域不断拓展。例如，在全球气候变化背景下，生态学关注生物如何应对气候变暖及海平面上升等挑战，以及这些变化如何影响生态系统的结构和功能。在生物多样性保护方面，生态学通过研究物种分布、种群动态和群落结构等，为制定有效的保护策略提供科学依据。此外，生态学还关注城市生态系统、农业生态系统等人工生态系统的结构和功能，以及如何通过科学管理和技术创新实现这些生态系统的可持续发展。

二、生态系统的组成

无论是陆地还是水域，无论规模大小，生态系统的组成都可以简单地概括为两大部分：非生物环境和生物成分。这两大部分共同构成了生态系统的基础，其中非生物环境提供了生物生存的必要条件，而生物成分则填充了这一环境，使之生机勃勃。缺少其中之一，生态系统都难以维系。

非生物环境对生态系统的重要性不可忽视。它为生物提供了生存的场所和空间，同时提供了物质和能量的来源。气候、土壤、水质等因素构成了生物生存所必需的环境条件。若缺乏这些因素，生物将无法生存下去，整个生态系统也将无法运转。生物成分是生态系统的灵魂所在，生物在其中扮演着各种各样的角色，根据其在生态系统中的功能和地位，可将其划分为三大功能类群：生产者、消费者和分解者。生产者通过光合作用将太阳能转化为化学能，为整个生态系统提供能量；消费者通过摄食其他生物获取能量和营养，形成食物链和食物网；而分解者则将有机物分解成无机物，促进养分的循环利用。

（一）生产者

生产者是生态系统中至关重要的组成部分，它们以其独特的自养能力将简单的无机物转化为有机物，构成了生态系统中最基础的链条。绿色植物和某些细菌是生产者的代表，它们通过光合作用将光能转化为化学能，制造出初级产品——糖类，进而合成脂肪和蛋白质，用于自身生长和繁殖。植物广泛分布于地球各地，善于利用空间和时间资源的差异，确保了资源的充分利用。这种自给自足的能力使得生态系统中的资源得以流动和循环利用。同时，生产者所制造的有机物成为其他异养生物的食物资源，支撑着整个生态系统的生态链。消费者和分解者直接或间接依赖于生产者的存在，生产者的消失将导致整个生态系统的崩溃。因此，生产者在生态系统中扮演着不可或缺的角色，是维系生态平衡的基石。太阳能通过光合作用被生产者转化为化学能，不断输入生态系统，成为其他生物的能量来源，形成了生态系统中能量流动的基础。

（二）消费者

消费者在生态系统中扮演着至关重要的角色。它们无法通过无机物制造有机物，只能直接或间接地依赖于生产者所制造的有机物质，从而被归类为异养生物。根据其食性的不同，消费者被划分为不同的类型。首先是草食动物，它们以植物为主要营养来源，被称为初级消费者，包括昆虫、啮齿类，以及牛、羊等。其次是肉食动物，它们以其他动物为食。这一类别又可分为一级肉食动物和二级肉食动物，分别以草食动物和一级肉食动物为食。生物根据其营养级别被划分为不同的营养级，生产者属于第一营养级，草食动物属于第二营养级，以此类推。除单一食性的消费者外，还有杂食动物，它们摄取多种食物，如狐狸既食浆果又捕食鼠类以及食动物尸体等，这些动物在生态系统中占据着多个营养级。

消费者在生态系统中不仅对初级生产物进行加工和再生产，同时对其他生物的生存和繁衍也起着积极的促进作用。例如，植食性甲虫实际上对落叶林的生长并没有负面影响，反而有助于其发育。甲虫的分泌物和尸体含有丰富的营养物质，当它们落入土壤时，为土壤微生物的繁殖提供了宝贵的养料，从而促进了落叶层的分解。如果没有这些甲虫，落叶层的分解速度将会减缓，导致营养元素的积压和生物地理化学循环的阻滞。因此，消费者在维持生态平衡和促进生态系统功能方面发挥着至关重要的作用。蚜虫与甲虫不同，蚜虫从寄主植物上吸取大量具有糖分的液体，除了合成自身代谢的部分，还有蜜露排出体外，饲喂了许多蚂蚁。蜜露进入土壤后能刺激固氮细菌，极大地提高其固氮效率。这些现象表明寄主植物—蚜虫—固氮细菌是一个优化了的协同进化系统。

此外，由动物进行授粉已有大约 2.25 亿年的协同进化史。显花植物中约有 85% 为虫媒植物，比如苹果有 70% 以上是靠蜜蜂授粉的。还有一个常见的例子是，较大的摄食压力使双子叶植物群落被禾本科植物群落代替，禾本科植物生长速度快，短期内易形成高密度种群，可以有效地巩固沙性土壤，使土壤类型向有利于植物生长的方向转化，这正是植食性动物的摄食促进了植物群落类型的变化。

土壤动物在维持土壤生态系统平衡中扮演着重要角色。土壤动物通过食用细菌等微生物来控制土壤微生物种群的数量和结构。这一过程有助于保持微生物活动的功能，防止微生物种群过度增长导致分解作用降低。细菌是土壤中重要的分解者，而土壤动物如蠕虫、昆虫和微小的线虫等则以细菌为食。它们的食用行为调节了微生物种群的数量，避免了细菌等微生物过度繁殖，从而保持了土壤中分解作用的活跃程度。

（三）分解者

分解者是生态系统中扮演不可或缺角色的异养生物，其工作类似于生态系统的清道夫，连续地进行着有机物质的分解，将复杂的有机物逐步还原为简单的无机物，最终使之重新融入环境。由于这种作用，它们也被称为还原者，因为它们将有机物还原为无机物，促进了环境中物质的循环利用。

在生态系统中，分解者的作用不可小觑。如果没有它们的存在，动植物尸体将会大量堆积，导致环境的恶化和生态系统的崩溃。分解作用并非一蹴而就，而是涉及一系列复杂的过程，各个阶段都由不同的生物完成。从最初的机械性分解到有机物被细菌、真菌等微生物降解为更简单的物质，再到最终无机物质的释放，这个过程中的每一个环节都需要不同种类的分解者参与。

三、生态系统的调节

（一）生态系统的反馈调节

自然生态系统通常表现为开放系统，需要不断地从外界获取输入以维持其功能，若停止输入，系统将逐渐失去功能。具有调节功能和反馈机制的开放系统被称为控制系统，反馈是系统输出的信息反向作用于输入环节。系统如果能够对输入进行决定，就具备了反馈机制，一旦加入了反馈环节，系统就成为可控制系统，并围绕理想状态或位置进行调节。

反馈机制分为负反馈和正反馈两种形式。负反馈有助于保持系统的稳定，而正反馈则会加剧系统的偏离。生物生长和种群持续增长属于正反馈的典型例子，然而，正反馈机制无法维持系统的稳态，只有负反馈能够实现这一目标。考虑到地球和生物圈作为有限系统的特性，对于生物圈及其资源的管理应采用负反馈的方法，这样才能实现系统的持久稳定，为人类谋福祉。

（二）生态系统平衡

生态系统是地球上生物和非生物因素相互作用的复杂网络，具有负反馈的自我调节机制，以维持生态平衡。这种平衡涵盖了生态系统的结构、功能和能量输入输出的稳定，构成了一种动态平衡状态。生态系统在发展过程中通常会向着种类多样化、结构复杂化和功能完善化的方向发展，最终达到一种相对稳定的状态。在这种动态平衡下，生态系统能够自我调节，维持正常功能，并且对外界干扰具有一定的抵抗力。然而，生态系统的自我调节功能是有限的，当外来干扰超出其承受能力时，就会破坏自我调节机制，导致生态失调和生态危机的出现。

生态危机对人类生存构成威胁，但初期其往往难以被察觉，且恢复平衡的过程异常艰难。人类赖以生存的自然界和生物圈即构成复杂的生态系统，维持其稳定是人类生存和发展的基础。因此，人类的活动必须注意生态效益和后果，以保持生态系统的稳定和平衡。过度开发、污染、生物多样性丧失以及气候变化等因素都可能对生态系统造成不可逆转的破坏，加剧生态危机的发展。因此，为了维护人类的生存环境，保护地球生态系统的稳定，人类应当采取可持续发展的理念和行动，促进人与自然和谐共生。

第二节　生态环境要素

一、环境要素

环境要素作为构成周围世界的基石，涵盖广泛而多元的内容。在自然状态下，环境要素表现为未经人类直接干预的自然存在，如阳光、空气、陆地、天然水体、天然森林及野生动植物等。这些自然要素共同构成了地球生态系统的基础，为生物多样性和人类生存提供了必要条件。

随着人类活动的不断扩展，环境要素也包括经过人为改造和创造的事物。水库、农田、村落与城市、工厂及公路，都是人类对环境进行改造和优化的具体体现。这些人工环境要素不仅改善了人类的生活条件，也推动了社会的发展和进步。

环境要素不仅指物理性的存在，也包括由这些物理要素相互关联、相互作用所构成的系统，以及这些系统所呈现的状态和相互关系。这些系统包括从微观到宏观的各个层面，如生态系统、气候系统、社会经济系统等，它们共同构成了复杂多变的环境网络。

二、生态环境要素的作用与特性

生态环境要素作为人类生存与发展的基石，其复杂性和多样性构成了丰富多彩的自然世界。这些要素作为独立且相互关联的基本单位，共同构建了生态环境结构单元，进而形成了完整的生态环境系统。它们不仅是自然环境的基本组成部分，还通过各自的特性和功能对生物个体的生存和种群的繁衍产生着深刻影响。

生态环境要素可以被划分为生态因子和环境因子两大类。生态因子涵盖了那些在生态环境中直接或间接影响生物生存与分布的自然因素，如光照、温度、湿度、食物资源、地形地貌及土壤条件等。这些因子共同构成了生物的生态环境，为生物提供了生存所需的物质基础和能量来源。而具体的生物个体和群体所生活的特定地段上的生态环境，即生境，更是包含了生物与环境的互动关系，其中生物本身也通过其活动对环境产生着影响。

尽管生态环境中存在众多生态因子，但在特定情况下，总有一个或少数几个因子对生物产生主导作用。这种主导因子的变化往往能够显著影响生物的生存状态。然而，生态因子的作用并不是孤立的，它们之间存在着复杂的相互作用和相互影响，共同构成了生态环境系统的整体。

（一）生态环境要素的作用

1. 综合作用

生态因子的综合作用体现在它们彼此间的相互依赖和相互影响上。这些因子不是孤立存在的，而是在一个生态网络中相互交织、互为因果。任何单一因子的变化都会通过直接或间接的方式引起其他因子不同程度的响应，从而共同塑造一个动态的生态格局。

2. 主导因子作用

主导因子是指某一生态因子在特定情境下对生物群体起到决定性作用。这种主导性并非一成不变，而是随着生态条件的变化有所转移。例如，土壤因子在决定植物种类时可能占据主导地位，而生物因子则在动物食物链的构建中扮演核心角色。主导因子的变化通常会引发一系列连锁反应，带动其他因子同步调整。

3. 间接作用

环境中的地形因子对生物的影响虽不直接，但其通过影响光照、温度、雨水等关键因子而对生物产生间接作用。这种间接影响在塑造生物类型、生长模式和分布范围上发挥着不可忽视的作用。例如，地形因素造成的局部气候差异直接决定了植被类型的多样性和动物的栖息地选择。

4. 阶段性作用

阶段性作用是因为生物在其生命周期的不同阶段对生态因子的需求各不相同。这种阶段性作用体现了生物与生态环境之间的动态适应过程。一些生物会根据其生活史的不同阶段，选择不同的生存环境以满足其特定需求。

5. 不可替代性和补偿作用

生态因子的不可替代性和补偿作用揭示了生态系统稳定性的重要基础。尽管各因子在生态系统中扮演着不同的角色，但它们的共同作用确保了生态系统的完整性和稳定性。在某些情况下，当某一因子缺失或减弱时，其他因子可能会在一定程度上进行补偿，以维持生态系统的正常功能。然而，这种补偿作用是有限的，当主导因子缺失或受损时，生态系统的平衡将受到严重威胁。

（二）生态环境要素的特性

生态环境要素的特性在生态学研究中占据核心地位，它们不仅界定了要素间复杂而微妙的相互作用关系，还为环境认知和环境评价提供了理论基础。在这些特性中，以下两个特性尤为显著。

第一，最小因子定律揭示了生态系统中物质和能量流动的关键制约因素。该定律强调，在生态系统的功能发挥过程中，并非所有资源的充足供给都能确保生物群体的繁盛。相反，生物体的生长和繁殖往往受到那些稀缺但不可或缺的生态因子的限制。这一发现对理解生态系统的脆弱性和稳定性具有重要意义，尤其在资源管理和保护策略的制定中。进一步强调了生态因子间相互作用的复杂性，以及生态系统在能量和物质流动平稳状态下的稳定性。

第二，耐受定律深化了对生物体与其所处环境之间相互关系的认识。谢尔福德提出的耐受定律指出，生物体对于环境因子的耐受能力是有限的。当某一生态因子的数量或质量超过或低于生物的耐受限度时，其生存和分布都将受到严重影响。这一理论对生态风险评估、生物多样性保护以及生态系统恢复等领域具有重要的指导意义。它强调了生态平衡和生物多样性保护的必要性，并为人们提供了识别和保护生态脆弱区域的工具。

第三节　生态学在环境保护中的应用

一、环境质量的生物监测与评价

生物监测是指利用生物个体、种群或群落对环境污染状况进行监测。由于生物在环境中所承受的是各种污染因子的综合作用，它能更真实、更直接地反映环境污染的客观状况。

凡是对污染物敏感的生物种类都可作为监测生物。例如，地衣、苔藓和一些敏感的种子植物可用来监测大气污染；一些藻类、浮游动物、大型底栖无脊椎动物和一些鱼类可用来监测水体污染；土壤节肢动物和螨类可用来监测土壤污染。生物发出的各种信息，即生物对各种污染物的反应，包括受害症状、生长发育受阻、生理功能改变、形态解剖变化，以及种群结构和数量变化等。通过这些反应可以判断污染物的种类，通过反应的受害程度可以确定污染等级。

生物评价是指用生物学方法按一定标准对一定范围内的环境质量进行评定和预测。

大气污染的生物学评价是指从生物学的角度评价大气环境质量的好坏。植物长期生活在大气环境中，其生理功能与形态特征常受大气污染作用而改变，大气中某些污染物还可以被植物叶片吸收，在叶片中积累。所有这些变化都可以在一定程度上指示大气污染状况。用综合生态指标评价法可以划分大气污染等级。

同理，水体受到污染后，必然会对生存在其中的水生生物产生影响，水生生物对水环境污染后的反应和变化可以作为评价水环境质量的指标。常用的方法有指示生物法、生物指数法和种类多样性指数法等。指示生物法主要根据对水体中有机污染物或某种特定污染物敏感的或有较高耐量的生物种类的存在或流失，来指示水体中有机物或某种特定污染物的含量与污染程度。把水质变化引起的对生物群落的生态效应用数学方法表达出来，可得到群落结构的定量数值，即生物指数。生物指数主要是指水质的生物学参数，并不表示水质的直接数值。因此，应用时必须同生物学的其他指标结合起来，还要考虑地理、气候、底质、水文以及水化学等因素对生物的影响，注意与物理指标、化学指标一起进行综合分析，才能做出正确的评价。种类多样性指数是一种量化指标，可反映数据集中有多少种不同类型，并且可以同时考虑到这些种类的个体分布之间的系统性关系。

二、污染环境的生物净化

生物与污染环境之间存在着相互影响和相互作用的关系。在污染环境作用于生物的同时，生物也同样作用于污染环境，使污染环境得到一定程度的净化，提高环境对污染物的承载负荷，增加环境容量。人们正是利用这种生物与污染环境之间的相互关系，充分发挥生物的净化能力。

（一）大气污染物的生物净化

大气污染物的生物净化是指利用生态学原理，协调生物与大气环境之间的关系，通过大量栽植具有净化能力的乔木、灌木和草坪，建立完善的城市防污绿化体系，包括街道、工厂和庭院的防污绿化，以达到净化大气污染的目的。大气污染的生物净化包括利用植物吸收大气中的污染物、滞尘，削减噪声，杀菌等方面。

1. 植物对大气中化学污染物的净化

大气中的化学污染物包括多种无机气体和有机气体以及重金属蒸气，如二氧化硫、二氧化氮、氟化氢、氯气、乙烯、苯、光化学烟雾、汞蒸气和铅蒸气等。植物作为自然界的过滤器，对这些污染物具有不同的吸收能力。不同植物对不同污染物有着不同的吸收量和效率。例如，臭椿和白毛杨每年分别可吸收约 13.02 kg 和 14.07 kg 的二氧化硫。柳杉每天可吸收约 3 g 的二氧化硫。女贞叶中的硫含量可达叶片干物质的 2%。

距离污染源 400~500 m 处的蓝桉阔叶林，每年可吸收数十千克的氯气。桑树树叶中的氟含量可达对照区的 512 倍。此外，臭椿每年可分别吸收约 46 g 的铅蒸气和 0.105 g 的汞蒸气，而桧柏每年可分别吸收约 3 g 的铅蒸气和 0.021 g 的汞蒸气。

2. 植物对大气物理性污染的净化

（1）植物对大气飘尘的去除效果。植物对大气飘尘的去除效果受多种因素的影响。首先，植物的种类对其去除大气飘尘的效果有显著影响。一般而言，高大、树叶茂密的树木在吸尘方面表现较好，如杨树、柳树等。其次，植物种植面积、密度以及生长季节也是影响因素之一。绿化较好的城市平均降尘量相当于绿化一般城市的 1/9~1/8，这凸显了植物在大气飘尘去除中的重要性。叶形、着生角度、叶面粗糙程度等也会影响植物的除尘效果。在这些因素共同作用下，植物对大气飘尘的去除起到了不同的积极作用。

（2）植物对噪声的防治效果。植物的叶片、树枝具有吸收声能与降低声音振动的作用，因此成片的林带在降低噪声方面表现突出。绿化较好的绿篱、乔灌林及草皮组成的降噪结构，每 10 m 可减少 3.5%~4.6% 的噪声，这进一步证实了植物在噪声防治中的有效性。在林区，爆炸声传播距离只有空旷地带的 1/10，这表明植物的存在显著地缩小了噪声的传播范围。因此，从环境保护的角度来看，植物在噪声防治中的作用不可忽视。

3. 植物对大气生物污染的净化

植物具有阻尘和吸尘的作用，能够降低空气中的微粒物质含量，从而提高空气质量。某些植物如茉莉、黑胡桃、柳树、松柏等，能够分泌挥发性杀菌或抑菌物质，这些物质能够有效降低空气中细菌的含量，有利于净化空气环境。此外，绿化程度也是影响植物净化作用的重要因素之一。街道绿化程度较好的地方空气中的细菌含量相对较低。

（二）水体污染的生物净化

水体污染的生物净化是指利用生态学原理，协调水生生物与污染水体环境之间的关系，充分利用水生生物的净化作用使污染水体得到净化。例如，利用藻菌共生系统建立的氧化塘可以有效地去除以需氧有机物为主的生活污水和工业废水，达到净化水质的目的。在耗氧塘中，耗氧微生物可以把污水中的有机物分解成 CO_2、H_2O、NH_4^+ 和 PO_4^{3-} 等无机营养元素，供藻类生长繁殖利用，藻类光合作用释放出的氧气为耗氧微生物提供了生存的必要条件，而其残体又被耗氧微生物分解利用。

再如，污水土地处理系统是指在人工调控下，利用土壤—微生物—植物组成的生态系统使污水中的污染物得到净化。它是一种利用土地以及其中的微生物和植物根系对污染物的净化能力来处理经过预处理的污水，同时利用其中的水分和肥分促进农作物、牧草或树木生长的工程措施。它将环境工程与生态学基本原理相结合，具有投资少、能耗低、易管理和净化效果好的优点。污水土地处理系统通常是污水三级处理的代用方法，它接受二级处理出水，并对其做进一步的处理。

三、生态农业发展

"生态农业是指在尊重自然规律和保护生态环境的基础上，充分融合现代科技和传统农业生产经验，追求农业生态效益、经济效益和社会效益协调发展的现代化高效农业。生态农业是农业生态文明建设的重要内容，也是我国农业高质量发展的必然路径。"[①]

生态农业的生产结构能使初级生产者的产物沿着食物链的各个营养级进行多层次循环利用和转化，最大限度地减少废弃物的排放；生态农业强调施用有机肥与豆科植物轮作，化肥只作为辅助肥料；强调利用生物控制技术和综合控制技术防治农作物病虫害，尽量减少化学农药的使用。所以生态农业既具有经济效益又具有环境效益，它实现了农业经济发展和环境保护的双赢。

菲律宾的玛雅农场被视为生态农业的典范。玛雅农场把农田、林地、鱼塘、畜牧场、加工厂和沼气池巧妙地联结成一个有机整体，使能源和物质得到充分利用，把整个农场建成一个高效、和谐的农业生态系统。在这个农业生态系统中，农作物和林木生产的有机物经过三次重复利用，通过两个途径完成物质循环。用农作物生产的粮食、秸秆与林木生产的枝叶喂养牲畜，是对营养物质的第一次利用。用牲畜粪便和肉食加工厂的废水生产沼气，是对营养物质的第二次利用。沼液经过氧化塘处理后用于养鱼、灌溉；沼渣生产的肥料用来肥田，生产的饲料喂养牲畜，是对营养物质的第三次利用。农作物、森林→粮食、秸秆、枝叶→喂养牲畜→粪便→沼气池→沼渣→肥料→农作物、森林，构成第一条物质循环途径。牲畜→粪便→沼气池→沼渣→饲料→牲畜，构成第二条物质循环途径。这种巧妙的安排既充分利用了营养物质，创造了更多的财富，增加了收入，又不向环境排放废弃物，防止了环境污染，保护了环境。

在这个农业生态系统中，农作物和林木通过光合作用把太阳能转化为化学能，储存在有机物质中；这些化学能又通过沼气发电转化为电能，在加工厂中电能又转化为机械能；用电照明，电能又转化为光能，实现了能量的传递和转化，使能量得到充分利用。

---

① 訾纪云，牛荣 . 我国生态农业发展路径研究 [J]. 生态经济，2024，40(6): 230.

第四节 环境管理的理论基础

一、管理学理论

管理学作为现代科学体系中的一门重要分支,其理论框架虽在19世纪末至20世纪初的美国得以确立,但管理的实践深深植根于人类历史的各个阶段。管理活动与人类社会的发展紧密相连,随着生产力的不断演进,管理的作用和重要性日益凸显。

从本质上讲,管理是一项至关重要的社会活动,它涉及人类活动的组织、协调、控制与目标实现等多个方面。在个体层面,单一的人可能不需要管理,但一旦形成社会协作,尤其在多人追求同一目标时,管理便成为不可或缺的要素。这种管理需求不仅体现在宏观层面,如国家管理、政府运作、企业运营、学校教育及医疗服务等,也体现在微观层面,如家庭管理、个人时间规划、职业生涯管理等。

随着人类社会的不断进步,管理学的应用领域也在不断扩展,其内涵和边界日益丰富。环境管理、资源管理和生态管理等新兴领域,正是管理学应对现代社会挑战的新体现。这些领域不仅要求管理者具备传统的管理知识和技能,还需要他们具备跨学科的知识储备和全球视野,以应对日益复杂和多变的管理环境。

二、可持续发展理论

在经济进步的过程中,现今的个体在消费和发展的过程中,应当努力保证未来后代能够获得同等的增长机遇,以及确保在同一代人中,一部分人的增长不会对其他人的利益造成损害。因而现代人需要考虑的不单单是自身的利益,还需要考虑后代人的利益,为后代的发展留下空间。

就实际情况而言,自然资源储量以及环境的承载能力是有限的,经济社会发展的限制条件由物质层面的稀缺性和经济层面的稀缺性共同组成。

发展和经济增长虽然存在很大程度的关联,但二者具有根本上的区别。发展是一个集社会、科技、文化、环境等多方面素于一体的完整现象。其是每个国家或区域内部经济和社会制度都必须经历的实践过程,发展致力于实现社会整体的发展和进步,以所有人的利益增长为标准。因此,发展也是全人类共同且普遍享有的权利,因而无论是发达国家,还是发展中国家,都拥有平等的且不可剥夺的发展权利。

可持续发展要与资源的可持续利用和环境的保护相协调,以保护自然为基础。因此,在推动发展的同时,必须重视环境保护工作,这包括有效控制环境污染、提升环境质量、保护生物多样性、保护生命保障系统、保持地球生态的完整性,以及实现可持续利用可再生资源等，以确保人类的发展与地球的生态承载力相适宜。

三、循环经济理论

循环经济旨在促进社会、经济和环境的可持续发展，通过有效利用资源以及循环利用资源，实现减少甚至消除污染排放来保护环境。因此，循环经济要求依据生态学原则对人类社会的经济活动予以指导，其能够将清洁生产和对废弃物进行综合利用有机结合。可以这样说，从实质上讲，循环经济是一种生态经济。

国内较为公认的循环经济定义为：循环经济是一种以资源的高效利用和循环利用为核心，以"减量化、再利用、资源化"为原则，以低消耗、低排放、高效率为基本特征，符合可持续发展理念的经济增长模式，是对"大量生产、大量消费、大量废弃"的传统增长模式的根本变革。这一解释不仅详细阐明了循环经济的基础、规则和属性，同时表明了循环经济是一种符合可持续发展理念的经济增长方式，紧扣当前中国资源短缺且大量消耗的难题，具有至关重要的现实意义，特别是在解决我国资源对经济发展的制约这一问题方面。

随着循环经济理念的深入推广，企业的传统生产模式正在发生转变，逐步向清洁生产迈进，致力于构建废物"零排放"的循环经济发展模式。在企业内部，资源和能源的消耗主要集中在生产环节，因此，企业环境管理活动的重点也应放在减少废弃物产生和排放上，实现循环经济。通过设计和运行符合循环经济要求的环境管理体系，企业不仅能够实现自身的绿色转型，还能向公众传播循环经济理念，引导公众树立绿色消费观念，形成更加环保、可持续的生活方式。

对于公众而言，循环经济不仅是企业的事情，更是一种生活态度和消费方式。提倡绿色消费、朴素消费、简单消费，将废旧生活物品交送到回收再利用部门，都是公众践行循环经济理念的具体行动。同时，爱护私用和公用物品与设施，延长其使用时间，也是减少资源浪费、促进可持续发展的重要途径。通过公众的广泛参与和共同努力，循环经济理念将更加深入人心，为实现社会、经济和环境的和谐共生奠定坚实基础。

四、生态经济学理论

"随着时代的进一步发展，越来越多的经济学理论被广泛应用于经济发展的具体情形中，且取得了一定的成果。然而，经济的高速发展往往伴随当地民众对自然环境的破坏。基于此，为了有效避免因破坏自然环境所产生的深刻影响，经济学者在不断探索的过程中提出了生态经济学理论。"[①] 在学术领域，生态经济学作为一门交叉学科，

---

① 刘晓奥. 生态经济学对新古典环境经济学的启示 [J]. 商讯，2024(4): 142.

其理论架构和定义经历了广泛的讨论与演变。尽管存在多种解读，但生态经济学的核心关注点始终聚焦于全球性的环境挑战，如酸雨、全球气候变化和生物多样性丧失等。这些挑战不仅要求我们从生态学的视角理解自然环境的运作机制，更需从经济学的角度探讨如何有效地配置资源，以实现可持续发展目标。

生态经济学强调经济系统是生态系统中的一个重要组成部分，二者之间存在着密切的相互作用和依赖关系。因此，生态经济学的研究框架以经济系统作为生态系统的子系统为基础，从系统论的角度分析二者的关系，并寻求实现二者和谐共生的策略。

作为一门由生态学和经济学相互渗透、融合而成的学科，生态经济学的研究领域涵盖了从微观到宏观的多个层面。它不仅关注个体经济行为对资源和环境的影响，更致力于从宏观层面揭示经济系统整体对生态系统的长期影响。这种跨学科的研究视角使得生态经济学在理解和解决当前环境问题方面展现出独特的优势。

具体而言，生态经济学的研究重点在于探讨人类社会的经济行为与其对资源和环境演变的影响之间的关系。通过对这种关系的深入分析，生态经济学旨在为实现可持续发展提供科学依据和理论支持，进而指导人类社会的经济活动向着更加绿色、低碳、循环的方向转变。

第三章　生态环境管理的综合框架

在追求绿色发展的新时代背景下，构建生态环境管理的综合框架成为人们共同的努力方向。本章旨在全面探讨生态环境管理的内涵与外延，为打造美丽中国、实现人与自然和谐共生贡献智慧与力量，从管理的内容与职能、技术基础、实施方法、行政手段等多个维度进行深入剖析，展现生态环境管理的全面性和系统性。

第一节　生态环境管理的内容与职能

生态环境管理是政府生态环境部门依据国家和地方制定的有关自然资源与生态保护的法律法规、条例、技术规范、标准等开展的技术含量很高的行政管理工作。对自然资源开发项目的生态环境影响实施有效管理是其日常工作的一个重要组成部分。"随着我国对生态环境安全战略的考量，已将'生态文明'纳入到宪法，可以说，生态环境管理水平的高低，直接影响我国对生态文明的总体布局。"[①]

一、生态环境管理的内容

生态环境管理一般包括以下内容。

第一，识别生态环境因素，特别要注意识别和判断具有重大影响的因素与具有一定敏感性的因素。

第二，对照选择控制破坏因素、保护敏感因素的国家和地方的法律法规与标准。

第三，在法律法规、标准或其他要求下，针对管理对象的特点，制定管理目标和指标。

第四，制订旨在实现上述管理目标和指标的管理方案，管理方案应包括管理方法、时间和经费等详细情况。

第五，落实机构和人员编制，进行职能和职责分工，进行必要的能力培训。

---

① 旦周文加. 行政指导在生态环境管理中的实现 [J]. 区域治理，2019(49): 135.

第六，建立档案保存、查询制度和重大事件报告制度。

第七，制订并实施生态环境监测计划，监测计划应包括监测时段、监测点位、监测项目、监测的仪器设备、监测人员、监测数据管理和报告的编写、上报及信息反馈等内容。

二、生态环境管理的职能

生态环境管理的职能是指生态环境管理的相关职责和功能。在生态环境管理工作的整个实践过程中，这种职责和功能均有所体现。

具体来看，生态环境管理的基本职能包括计划、组织、监督、协调、指导和服务六个方面。换言之，在生态环境保护中，生态环境管理事务本身以及生态环境管理机构应当发挥出六个方面的作用，即计划、组织、监督、协调、指导和服务。

（一）生态环境管理的计划职能

在生态环境管理实践中，计划工作是确保管理活动均衡发展的基础。通过对未来环境状况的深入研究与预测，可以避免盲目决策，有效减少不必要的资源浪费。随着全球环境问题的日益严峻，人们对环境保护的重视程度不断提高，环境管理策略的调整和更新变得尤为迫切。计划作为前瞻性管理手段，通过科学预测和规划，能够实现对生态环境的有效管理，减少人类活动对环境的不良影响。

计划不仅提升了管理效益，还显著减少了资源和时间的浪费。其重要性体现在对风险的预见性和应对策略的制定上。计划职能在生态环境管理中具有核心地位，它涵盖了设定具体方案和步骤、明确管理目标、选择实现目标的路径和措施等一系列工作，为管理活动的实施提供了明确的方向和依据。

具体而言，计划职能包含对生态环境管理对象未来情势的评估与预测、目标的制定、方案的选择、规划的制定以及计划执行情况的检查与总结。这些工作共同构成了生态环境管理的基础框架，为管理活动的顺利进行提供了有力保障。

环境保护计划根据其约束力的不同，可分为指令性计划和指导性计划。指令性计划具有行政约束力，要求各级单位严格执行；而指导性计划则更多地发挥指导和参考作用，允许执行单位根据实际情况灵活调整，通过经济杠杆和政策法规等手段进行引导，激发执行单位的积极性。

按照计划期限的长短，环境保护计划可分为长期计划、中期计划和短期计划。长期计划着眼于环境保护的长远目标和发展方向，为中期计划和短期计划提供宏观指导；中期计划则更为具体和详细，起到了衔接长期计划和短期计划的作用；短期计划则直接指导日常的环境保护活动，确保管理目标的逐步实现。这种层次分明的计划体系，保证了环境管理工作的连续性和稳定性，为生态环境的持续改善提供了有力支持。

（二）生态环境管理的组织职能

从实践出发，需要确保有效的组织结构，以合理组织管理活动中的各个要素和人们之间的相互关系，旨在更好地实现生态环境管理目标和计划。生态环境管理的组织职能的目的是达成生态环境管理目标，对环境保护活动进行合理的分工和协作，正确处理人际关系，调整社会各阶层的经济利益关系，协调并动员社会的各方力量，进而对各种资源予以合理的配置以及利用。

生态环境管理的组织职能主要分为内部组织职能和外部组织职能两个方面。

1. 内部组织职能

生态环境管理的内部组织职能也称生态环境部门的内部组织职能。需要按照一般管理学中的动态组织设计原则，即按照职权和知识相结合的原则、集权与分权相平衡的原则、弹性结构原则来优化管理系统的组织职能。在这方面，一般管理学的理论与方法具有普遍的适用性。

具体而言，生态环境管理的内部组织职能主要包含以下内容。

（1）以生态环境管理的目标作为基础和依据，设立合适的组织结构。

（2）根据不同的业务特点，对工作进行划分，明确各部门的责任范围。

（3）赋予各部门和管理人员相对应的权限。

（4）建立上下级、部门以及个人之间的领导与协作关系，促进沟通与合作，使生态环境管理信息得以有效传达。

（5）为生态环境管理工作人员提供相关的培训。

（6）建立考评和激励机制。

2. 外部组织职能

生态环境管理的外部组织职能也称生态环境部门的外部组织职能。具体而言，其主要包含以下内容。

（1）根据国家和上级生态环境部门的有关规定，由地方政府领导组织本地区的城市环境保护工作。

（2）根据国家和上级生态环境部门的有关规定，由地方政府领导组织本地区的乡镇和农业环境保护工作。

（3）依据国家资源和生态保护相关政策，致力于推动本地区以资源开发活动为核心的生态环境保护工作。

（4）对本地区重大环境问题的执法监督管理工作予以组织和协调。

（三）生态环境管理的监督职能

生态环境监督是指对生态环境质量的监测与对一切影响生态环境质量的行为的监察。这里强调的是对危害生态环境行为的监察和对保护生态环境行为的督促。对生态环境质量的监督主要由生态环境监督机关实施。

生态环境管理的监督职能是监督和处理与生态环境管理相关的活动，以确保对生态环境质量进行监测和检查。生态环境监督的目的是确保公民的环境权得到尊重和保护，让他们能够在适宜的环境中生活。维护环境权的核心在于保护人民的直接利益和间接利益，其中包括子孙后代的长期利益，这种利益可以通过达到一定标准的环境质量来实现。所以，生态环境监督的基本任务是通过监督来维护和提高环境质量。

1. 按照监督对象分类

从监督的对象来看，生态环境管理监督可分为两种，即经济主体监督和行政主体监督。

（1）经济主体监督。经济主体监督是指生态环境部门对所有经济行为主体依法开展的环境监督，包括对企业的生产与经营行为的环境监督，资源的开发与建设活动的环境监督，资源保护与利用行为的环境监督，人们消费行为的环境监督等。

（2）行政主体监督。行政主体监督是指生态环境部门对依法赋有环境保护责任与义务的政府其他部门和所有经济行为主体的行政主管部门有关环境保护的计划、实施情况依法开展的环境监督。

2. 按照监督时序分类

从监督的时序来看，生态环境管理监督可分为三种，即预先监督、现场监督和反馈监督。

（1）预先监督。预先监督也称前馈监督或环境计划监督，是指为了确保在计划执行过程中不偏离预定目标，生态环境部门对依法承担环境保护责任和义务的其他行政单位、企业的行政主管部门以及企业环境保护计划的制订进行相应的监督与检查。

（2）现场监督。现场监督是指在计划执行过程中，生态环境部门根据国家和地方政府的环境法律法规和标准直接对各种经济行为主体的生产与经营活动、资源部门的开发与建设活动，以及其他产生环境污染的行为进行现场检查、处理以制止环境污染和生态破坏的监督行为。现场监督是生态环境管理最主要的监督形式，大量违法行为的查处和环境问题的解决都是通过现场监督获取第一手材料与信息的。例如，企业执行"三同时"（同时设计、同时施工、同时投产使用）情况、开发建设活动的项目管理、污染治理方案的实施和污染事故处理等都是通过现场监督来获取第一手材料的。

（3）反馈监督。反馈监督是指通过借鉴过往经验、数据等信息内容，引导或规范未来管理行为的一种监督方式。这种监督主要是分析生态环境管理工作的执行结果，预测未来变化，找出已发生的或潜在的因素，以控制下一过程的变化。

3. 按照监督功能分类

从监督的功能来看，生态环境管理监督可分为两种，即内部监督和外部监督。

（1）内部监督。内部监督是管理组织的自身监督，主要指生态环境部门从执法水平和执法规范两个方面开展的系统内部的监督。通过内部监督来加强环保执法队伍的自身建设，提高环境执法人员的政策水平和执法水平。

（2）外部监督。外部监督是管理组织对被管理者实施的监督，主要指生态环境部门依据国家的环境法律法规、标准及行政执法规范对一切经济行为主体以及行政主管部门开展的环境监督。通过这种监督落实各经济行为主体及行政主管部门的生态环境责任和生态环境保护措施，确保遵守国家环境法律法规和标准，做好污染预防和治理工作，提高区域环境质量。

内部监督和外部监督是强化生态环境管理的两个重要方面，缺一不可。其中，外部监督是生态环境部门开展生态环境管理的主要监督内容和形式。

（四）生态环境管理的协调职能

从宏观战略视角来看，生态环境管理追求的是环境保护、经济发展和社会进步三者间的和谐共生，旨在构建一种可持续发展的国家和社会模式。在这一过程中，协调成为连接不同领域、部门以及社会各阶层需求的桥梁，确保各方利益与环境保护标准相协调。

在微观操作层面，协调的作用体现在对环境管理内部和外部关系的调和与优化上。环境机构组织在履行管理职责时，必须确保内部成员在思想认识与行动上的一致，从而消除潜在的矛盾，减少内部摩擦，优化组织结构，为管理目标的实现提供坚实保障。

在具体实践中，协调不仅有助于减少环境纠纷，稳定区域环境秩序，还能强化跨地区或流域的环境保护工作。同时，它能够有效激发地方政府各部门的环保积极性，强化生态环境部门的管理与监督职能，为区域环境治理的顺利进行创造有利条件。协调还能在一定程度上减少外部行政干预，加大环境执法力度，为综合决策的实施营造一个更加有利的环境。

协调职能与监督职能在生态环境管理中呈现出紧密的联动关系。环境保护的广泛性和群众性要求各地区、各部门共同努力，而环境问题的区域性和综合性又强调在统一方针、政策、法规、标准和规划指导下的协同行动。因此，协调作为统一组织调配的关键职能，在动员各方力量、确保环境保护工作有序进行方面发挥着不可替代的作用。

（五）生态环境管理的指导职能

在生态环境管理的复杂框架中，指导职能扮演着至关重要的角色，它是确保管理目标得以高效、有序实现的关键环节。这一职能涵盖了两个主要维度：纵向指导与横向指导。

纵向指导体现了生态环境管理体系中的层级关系，即上级生态环境部门对下级生态环境部门的业务引导与监督。这种指导方式确保了管理政策的连贯性和一致性，使得下级部门能够准确理解并执行上级部门的决策意图。通过纵向指导，上级部门不仅能够及时传达最新的环保政策和管理要求，还能对下级部门在实际工作中遇到的问题给予专业指导并提供解决方案，从而有效推动整个管理体系的协同运作。

横向指导则侧重于在同一政府领导下，生态环境部门对同级相关部门的环境保护工作进行业务指导。这种指导方式打破了部门间的壁垒，促进了部门间的沟通与协作。通过横向指导，生态环境部门能够向其他部门传递环保理念、分享管理经验，并在必要时提供技术支持和协助。这不仅有助于提升其他部门在环保工作中的专业性和效率，还能够促进政府各部门在环保领域形成合力，共同推动生态环境的持续改善。

（六）生态环境管理的服务职能

生态环境管理的服务职能是从指导职能中衍生出的重要一环。随着时代的发展和环境保护的日益重要，加强生态环境监督管理的同时，服务职能的到位成为新形势下的必然要求。

从管理学的宏观视角来看，"管理就是服务"这一理念在生态环境管理领域尤为适用。广义上，生态环境管理作为社会经济活动的重要支撑，其根本目的在于服务于经济建设的全局，确保经济发展与环境保护的和谐共生。而狭义上，生态环境管理在服务经济部门和企业时，涉及多个层面的具体服务内容，如污染防治技术的咨询服务、环境法律政策的解读服务，以及清洁生产方式的推广服务等。这些服务不仅为经济部门和企业提供了必要的支持，也为生态环境保护注入了新的活力。

尽管指导职能在生态环境管理中扮演着至关重要的角色，但服务职能同样不可忽视。指导职能侧重为管理对象提供方向性、原则性的指导，而服务职能则更加注重满足管理对象的具体需求，为其解决实际问题。服务职能的履行是以服务需求的存在为前提的，只有当管理对象存在具体需求时，服务职能才能得以体现和发挥。因此，生态环境管理者在履行指导职能的同时，必须充分重视服务职能的履行，确保生态环境管理工作的全面性和有效性。

第二节 生态环境管理的技术基础

一、环境标准

环境标准是关于环境保护、污染控制的各种准则及规范的总称。环境标准的定义是：为保护人群健康、社会物质财富和维持生态平衡，对大气、水、土壤等环境质量，污染源的监测方法及其他需要所制定的标准。

（一）环境标准体系

我国的环境标准体系是"两级五类三层次"。"两级"是指国家级标准和地方级标准，或国家级标准与行业级标准。"五类"是指环境质量标准、污染物排放（控制）标准、环境监测规范类标准（环境监测方法标准、环境标准样品和环境监测技术规范）、管理规范类标准和环境基础类标准（环境基础标准和标准修订技术规范）。"三层次"是指强制执行标准、推荐执行标准和指导型技术文件。

国家级标准可以根据属性划分为强制性标准和推荐性标准。强制性标准是指必须遵守并执行的标准，如果产品与强制性标准不相符，将会被禁止生产、销售及进口；而推荐性标准则属于国家鼓励自愿采纳的标准。

具体而言，保障人体健康、人身及财产安全的标准和法律、行政法规规定强制执行的标准就是强制性标准，其他标准则是推荐性标准。例如，省（区、市）标准化行政主管部门制定的工业产品的安全、卫生要求的地方标准，在本行政区域内则是强制性标准。

（二）环境标准的制定

1. 制定环境标准的原则

保证人民健康是制定环境标准的首要原则。要综合考虑社会、经济和环境三方面的统一，要使污染控制的投入与经济承载力匹配，也要使环境承载力和社会承载力统一。要综合考虑各种类型的资源管理、各地的区域经济发展规划和环境规划的目标，高功能区采用高标准，低功能区采用低标准。既要和国内其他标准和规定相协调，还要和国际上的有关规定相协调。

2. 制定环境标准的依据

（1）与生态环境和人类健康有关的各种学科基准值。

（2）环境质量的当前状况、污染物的背景值和长期的环境规划目标。

（3）当前国内外各种污染物的处理水平。

（4）国家的财力水平和社会承受能力，污染物处理成本和污染造成的经济损失。

（5）国际上有关环境的协定和规定，国内其他部门的环境标准。

目前，我国现行国家环境标准由生态环境行政主管部门组织制定、审批、发布和归口管理，并报有关主管部门备案。其一般程序为：下达环境标准制定项目计划—组织制定标准（草案、征求意见稿、送审稿、报批稿）—审批—发布。地方标准由省（区、市）生态国务院环境行政主管部门归口管理并组织制定，报请人民政府审批颁布，并报环境行政主管部门备案。负责制定标准的部门应当组织由专家组成的标准化技术委员会负责标准的草拟，参加标准草案的审查工作。技术委员会是在一定专业领域内，从事国家标准的起草和技术审查等标准化工作的非法人技术组织。

国家标准的制定与废止是动态循环的过程，随着社会、经济、科技的发展，新的更加科学合理的环境标准不断产生，旧的环境标准不断废止，使我国环境标准体系不断丰富更新。在环境标准的制定过程中，国家权力机关、国家行政机关依法对环境标准制定机构、制定程序和制定依据进行监督，以保证环境标准制定的合法性。

二、环境监测

环境监测的目的是及时准确地获取环境信息，以便进行环境质量评价，掌握环境变化趋势。其监测数据及分析结果可以为加强环境管理、开展环境科学研究、搞好环境保护提供科学依据。

（一）环境监测的分类

环境监测可以按照环境监测项目、监测的介质和对象、监测的方法和手段、污染来源和受体进行分类。

1. 按照监测项目分类

按照监测项目，环境监测可以分为常规监测、特定监测和研究性监测三大类。

（1）常规监测（又称监视性监测或例行监测）：对指定的有关项目进行定期的、连续的监测，以确定环境质量及污染源状况、评价控制措施的效果，衡量环境标准实施情况和环境保护工作的进展。这是监测工作中最基本的、最经常性的工作。监视性监测既包括对环境要素的监测，又包括对污染源的监督、监测。

（2）特定监测（又称应急监测），根据特定的目的可分为以下四种。

第一，污染事故监测：在发生污染事故时进行应急监测，以确定污染物扩散方向、速度和危及范围，为控制污染提供依据。这类监测常采用流动监测（车、船等）、简易监测、低空航测、遥感等手段。

第二，仲裁监测：主要针对污染事故纠纷、环境法执行过程中所产生的矛盾进行监测。仲裁监测应由国家指定的权威部门进行，以提供具有法律责任的数据（公正数据），供执行部门、司法部门仲裁。

第三，考核验证监测：人员考核、方法验证和污染治理项目竣工时的验收监测。

第四，咨询服务监测：为政府部门、科研机构、生产单位提供的服务性监测。例如，建设新企业应进行环境影响评价，需要按评价要求进行监测。

（3）研究性监测（又称科研监测）：以某种科学研究为目的而进行的监测。例如，环境本底的监测及研究；有毒有害物质对从业人员的影响研究；为监测工作本身服务的科研工作的监测，如统一方法、标准分析方法的研究、标准物质研制等。这类研究往往要求多学科合作进行。

2. 按照监测的介质和对象分类

按照监测的介质和对象，环境监测可以分为水质监测、空气监测、噪声监测、土壤监测、固体废物监测、生物污染监测和放射性监测等。

3. 按照监测的方法和手段分类

按照监测的方法和手段，环境监测可以分为物理监测、化学监测和生物监测等。

4. 按照污染来源和受体分类

按照污染来源和受体，环境监测可以分为污染源监测、环境质量监测和环境影响监测。

（1）污染源监测：对自然污染源和人为污染源进行的监测。如对生活污水、工业污水、医院污水和城市污水中的污染物进行监测。

（2）环境质量监测：大气环境质量监测、水（海洋、河流、湖泊、水库等地表水和地下水）环境质量监测等。

（3）环境影响监测：环境受体如人、动物、植物等受到大气污染物、水体污染物等的危害，为此而进行的监测。

（二）环境监测的管理

环境监测管理是指运用多种手段，包括行政手段、技术手段等，科学地进行环境监测，合理地运用环境监测资源，以确保环境状况能够得到及时、准确、全面的记录与反映，进而能够为环境行政管理、环境保护决策，以及社会的经济发展提供切实、有效的支持和帮助。

1. 行政管理

环境监测的行政管理包括：建立健全的环境监测机构，制定管理制度、规章办法；编制工作规划和计划；进行环境行政能力建设，提高和改进工作质量；考核工作目标完成情况，进行绩效管理；开展监测资质认可和管理。通过行政管理确保监测信息的完整性、针对性、及时性、公正性和权威性。

我国监测机构主要有国务院和地方人民政府的生态环境行政主管部门设置的环境监督管理机构；全国生态环境保护系统设置的四级环境监测站，即中国环境监测总站、省（区、市）环境监测中心站、各省（区、市）设置的市环境监测站、县级（旗、县级市、大城市的区）环境监测站；各部门的专业环境监测机构；大中型企业、事业单位设置的监测站。

2. 技术管理

环境监测的技术管理包括：编制《质量管理手册》，规范技术管理；编制《程序文件》《作业指导书》，规范监测程序、监测行为；编制《质量文件》，实施质量管理，规范监测方法，实施标准的分级使用和跟踪管理，统一仪器设备配置，强制仪器校验。通过技术管理确保监测信息的准确性、精密性、科学性、可比性和代表性。

3. 质量管理

环境监测的质量管理包括制订质量控制和质量保证方案，指导和监督方案的实施。在环境监测的各个环节，如采样过程的质量控制、样品的储藏和运输、实验室质量控制、报告数据的质量控制等环节实现跟踪管理。

4. 信息管理

环境监测的信息管理包括：统一监测信息的收集方式；建立监测信息数据库，实施动态管理；建设监测信息管理网络，严格信息报告与传输；分析、评价环境质量状况及污染程度和发展趋势，发布环境质量信息。通过信息管理，保证监测活动和信息交流，确保监测信息的及时性、完整性、可比性和实用性。

环境监测管理在环境监测中发挥着十分重要的作用，它是建立环境质量保证体系的基础。环境监测质量保证具有重要性和复杂性，其重要性体现在环境监测质量直接影响环境管理的针对性和有效性上，高质量的环境监测可避免错误的决策；复杂性是因为影响环境质量的因素错综复杂、瞬息万变，监测质量保证计划本身具有较大的不确定性。监测质量保证信息系统可以帮助管理人员定性与定量地分析数据与模型，通过信息管理保证监测活动和信息交流，确保监测信息的及时性、完整性、可比性和实用性；为高层环境管理人员提供从整体上全面宏观控制的科学方法；同时，也促进了环境监测效率的提高。

三、环境评价

环境评价是指依据特定的标准、方法对环境质量进行评价，包括人类活动对环境的影响、对环境的未来发展方向予以预测等，旨在为环境管理决策工作提供科学的支持。环境质量的优劣程度可以通过定性或定量描述环境各组成要素的多个环境质量参数来判断。环境质量参数通常以环境介质中特定物质的浓度加以表征。

（一）环境评价的分类

环境评价可以按其不同的属性进行分类。

1. 按照环境质量的时间属性分类

环境评价按照环境质量的时间属性可划分为环境回顾评价、环境现状评价和环境影响评价。

（1）环境回顾评价。环境回顾评价是指针对环境质量过去的历史变化进行评价，为合理分析环境质量现状成因和预测环境质量未来发展趋势提供科学依据。

（2）环境现状评价。环境现状评价是指针对环境质量当前的优劣程度进行评价，为区域环境的综合整治和规划提供科学依据。

（3）环境影响评价。环境影响评价是指对人类活动可能造成的环境后果，即通过对环境质量优劣程度的任何变化的判断为管理决策提供依据。

2. 按照评价的环境要素分类

环境评价按照评价的环境要素可划分为大气环境评价、水环境评价、土壤环境评价、生态环境评价和声环境评价。

3. 按照人类活动行为性质分类

环境评价按照人类活动行为性质可划分为建设项目环境评价、区域开发环境评价和公共政策环境评价。

4. 按照目标特殊性质分类

环境评价按照目标特殊性质可划分为战略环境评价、风险环境评价、社会经济环境评价和累积环境评价。

（1）战略环境评价。战略环境评价是指环境影响评价在战略层次上的评价，包括法律、政策、计划、规划上的应用，是对一项具体战略及其替代方案的环境影响进行的正式的、系统的、综合的评价，并将评价结论应用于决策中。战略环境评价的目标是消除或降低战略失误造成的环境负面效应，从源头预防环境问题的产生。

（2）风险环境评价。风险环境评价在狭义上是指对有毒化学物质危害人体健康的可能程度进行概率估计，提出降低环境风险的对策；在广义上是指对任何人类活动引发的各种环境风险进行评估并提出对策。

（3）社会经济环境评价。社会经济环境评价是指对社会经济效益显著、环境损害严重的大型项目，通过环境经济分析评估项目的社会经济效益是否能够补偿或在多大程度上补偿项目环境损失，即对项目整体效益进行综合评价，为项目决策提供更充分的依据。

（4）累积环境评价。累积环境评价是指对一种人类活动的影响与过去、现在和将来可预见的人类活动影响叠加，因累积效应对环境所造成的综合影响进行评估。累积环境评价通常用来解决复杂而困难的累积性生态效应问题，如累积性生态灾难效应、累积性生物种群效应、累积性气候变化效应等。

（二）环境评价的方法

1. 工程分析法

工程分析法是指通过深入研究工艺流程的各个环节，掌握各种污染物的发生源强度、综合回收利用率、削减治理效果，核算各种污染物在正常条件和事故条件下的排放总量与排放强度。当建设项目的规划、可行性研究和设计等技术文件不能满足评价要求时，应根据具体情况选用适当的方法进行工程分析。常用的工程分析法有以下三种。

（1）查阅参考资料分析法。在具体的实践过程中，倘若评价时间相对较短，且评价工作等级相对较低，或无法采用其他方法时，可采用此方法。从目前来看，查阅参考资料分析法最为简便，但其所得数据的准确度相对较低。

（2）物料平衡计算法。以理论计算为基础，比较简单。但计算中设备运行均按理想状态考虑，所以计算结果会有误差，该方法在应用时具有一定的局限性。

（3）类比分析法。类比分析法更适用于评价时间充裕，且评价工作等级较高，又有可作参考的相同或相近的现有工程的情况。如果同类工程已有某种污染物的排放系数，可以直接利用此系数计算建设项目该种污染物的排放量，不必再进行实地测量。类比分析法具有工作量相对较大、时间较长、所得结果相对较为准确的特点。

查阅参考资料分析法可以作为物料平衡计算法和类比分析法的补充。

2. 环境现状调查法

通常情况下，较为常用的环境现状调查法包括遥感（航拍、卫星图片）法，现场调查法，收集资料法等。以下分别对这三种方法进行具体论述。

（1）遥感（航拍、卫星图片）法。在进行环境状况的调查实践过程中，通常会直接进行空中拍摄，并对现有的航空或卫星照片进行评估和分析。这种方法的精确性有限，因而通常仅适用于辅助性研究，不适用于微观环境的调查。遥感技术可以获取那些人类无法直接观察到的地表环境信息，帮助我们更加全面地了解一个区域的环境特征，如广阔的森林、草原、荒漠、海洋等。

（2）现场调查法。采用现场调查法需要大量人力、物力和时间的投入，有时还会受到气候和设备条件的影响，因此，这种方法的工作量是相对较大的。但是，现场调查法的优势在于，其能够根据用户的实际需求，直接获取最原始的数据和信息。

（3）收集资料法。收集资料法具有更为广泛的适用性和高效率，能够在一定程度上节省人力、物力和时间成本。所以，在进行环境现状调查时，首先要利用收集资料法对各种相关资料予以收集和获取。但是，相对应地，收集资料法只能获取间接信息，即第二手资料，因此可能会存在不够全面或无法完全符合实际需求的问题，因此，此种方法的运用往往需要结合其他方法。

3. 环境影响预测法

一般而言，环境影响预测法主要有四种，即数学模式法、物理模型法、类比调查法和专业判断法。从实践角度来看，在对环境影响进行预测时，应当尽量选用通用、简便且与准确度要求相契合的方法。

（1）数学模式法。使用数学模式法可以更简洁地进行分析，其需要确定适当的计算条件和提供必要的参数与数据，然后得出定量的预测结果。因此，可以优先考虑采用这种方法。在应用数学模型时，需要确保实际情况符合模型的假设条件。如果实际情况无法完全符合模型的假设条件，则需要对模型进行调整，并加以验证。

（2）物理模型法。物理模型法具有较高的再现性和可适应性，可以有效模拟复杂的环境特征，并且能够实现较高程度的定量化。然而，此种方法不仅需要制作复杂的环境模型，还需要充足的试验条件和基础数据，同时需要大量的人力、物力及时间的投入。

倘若无法利用数学模式法预测，但又要求预测结果定量精度较高时，可以选择物理模型法。

（3）类比调查法。类比调查法的预测结果属于半定量性质。当无法获取足够的参数和数据，导致无法使用前述两种方法进行预测时，可以考虑选择类比调查法。

（4）专业判断法。专业判断法属于对建设项目的环境影响所进行的一种定性的反映。当对某些建设项目造成的环境影响进行定量评估面临困难时，或由于评估时间不足，无法使用上述提到的三种方法时，可以考虑选择专业判断法。

4. 环境影响评估法

通常情况下，较为常用的环境影响评估法主要包括单因子环境质量指数法、多因子环境质量分指数法、多要素环境质量综合指数法、环境质量指数分级法、列表清单法、生态图法、矩阵法、专家评分法、层次分析法、主成分分析法、模糊评判法等。

第三节　生态环境管理的实施方法

一、环境规划

环境规划是环境行政管理的主要内容之一，在环境行政管理中处于统帅地位。环境规划是指为使环境与社会协调发展，在统筹考虑"社会—经济—环境"之间的相互联系和相互影响的基础上，依据社会经济规律、生态规律及其他科学原理，研究环境变化趋势，从而对人类自身的社会和经济活动及环境所做的时间及空间上的合理部署与安排。环境规划作为各级政府及环保部门开展环境保护工作的依据，其所做的宏观战略、政策规定及具体措施，为环境管理目标的实现提供了科学依据，是国家环境保护政策和战略的具体表达。

环境规划的研究对象是"社会—经济—环境"之间的相互联系和相互影响，它的研究范围可大可小，可以是一个国家，也可以是一个区域。环境规划的目的是使环境与社会经济协调发展，维护生态平衡。为了达到这一目的，人类必须合理约束与调控自身的社会经济活动，减少污染，防止资源破坏。

环境规划按照规划期可以分为远期环境规划、中期环境规划和年度环境保护计划。远期环境规划跨越时间一般为 10 年以上，中期环境规划为 5~10 年，年度环境保护计划实际是 5 年计划的年度安排。远期环境规划跨越时间较长，比较宏观，侧重于长远环境目标和战略措施的制定。年度环境保护计划由于时间较短，往往不能形成规划，仅作为中期环境规划工作的具体安排。

二、环境审批

环境审批，即环境行政审批，是国家行政审批体系的重要组成部分。

环境审批是环境行政管理的重要手段，是不可或缺的环境行政行为，是环境行政管理的关键。我国的环境审批有法可依、依法进行。环境行政管理要求并强调严把环境审批关。

（一）建设项目环境审批

建设项目环境审批按建设过程分阶段进行。一般分为项目建议书阶段、可行性研究阶段、设计阶段、施工阶段、试生产阶段、竣工验收阶段。

自收到环境影响报告书（或环境影响评价大纲）、环境影响报告表、环境影响登记表、初步设计环境保护篇章、环境保护设施竣工验收报告之日起，对上述文件分别在两个月、一个月、半个月、一个半月、一个月内予以批复或签署意见。逾期不批复或未签署意见的，可视其上报方案已被确认。特殊性质或特大型建设项目的审批时间经请示批准，可适当延长。环境影响报告书、环境影响报告表、环境影响登记表在正式受理后，分别于 30 日、15 日和 7 日内完成审批工作。

（二）排放污染物许可证审批

排放污染物许可证审批是排放污染物许可证制度的具体执行和实施。

在中华人民共和国行政区域内，对于涉及废气、废水排放、环境噪声污染以及固体废物产生的企业和单位，国家采取了严格的排污许可管理制度。这一制度旨在规范生产经营过程中的环境行为，确保环境质量的持续提高。具体而言，直接或间接向环境排放污染物的企事业单位及个体工商户，无论其排放形式为大气污染物、工业废水、医疗废水，还是其他有毒有害物质，均须依照规定申请并获得排污许可证。该许可制度特别关注在城市污水集中处理设施、工业生产固定设备使用以及城市市区噪声敏感区域商业活动过程中产生的环境噪声污染问题，要求相关排污者必须持有相应的排污许可证。此外，工业固体废物和危险废物的产生者同样需要遵守此许可制度，但依法需申领危险废物经营许可证的单位除外。

值得注意的是，此排污许可管理制度并非"一刀切"地适用于所有环境排放行为。例如，向海洋倾倒废物、种植业和非集约化养殖业的污染物排放，以及居民日常生活非集中排放和机动车、铁路机车、船舶、航空器等移动源排放的污染物，均不在此审批制度的适用范围之内。这种区分处理的方式既体现了环境保护的全面性和细致性，也考虑到了不同排放源的特点和实际情况，有利于实现环境管理的科学化和精准化。

三、环境监察

环境监察作为一种至关重要的环境行政行为，是环境行政管理中必不可少的一环，同时，也是在环境现场实施的管理活动，旨在直接、有效地维护环境质量。

环境监察机构受生态环境行政主管部门委托，在其授权范围内对辖区内单位和个人遵守环境保护法规，执行各项环境保护政策、制度、标准的情况，进行现场情况的监督检查以及有关问题的处理。

环境监察主要包括以下内容。

（一）环境保护现场执法

环境保护执法由执法监督、执法纠正、执法惩戒和执法防范组成。环境保护现场执法是环境保护执法的体现形式之一。随着环境法治建设的完善和环境监察工作的开展，现场执法的内容也在不断充实和扩展。目前，环境保护现场执法主要有以下内容。

现场监督检查有关组织、单位和个人执行环境制度的情况，并对违反制度的行为依法予以处理或处罚。这些制度包括环境影响评价制度与"三同时"制度、限期治理制度、污染事故报告与处理制度、污染源管理制度、排污申报登记制度与排污许可证制度、缴纳排污费制度以及国务院的决定等。

现场监督检查自然资源与生态环境保护情况，并对破坏自然资源和生态环境的行为依法予以处理或处罚。这些自然资源与生态环境包括土地资源、水资源、森林、草地、矿产等自然资源；自然保护区、野生动物、风景名胜等区域；农业、畜牧业、农业环境等。

现场监督检查海洋环境保护情况，对污染海洋的行为依法予以处理处罚。

（二）建设项目环境监察

环境监察机构依法对建设项目进行监督检查，以保证建设项目按照《建设项目环境保护管理条例》进行，主要监察内容和要点如下。

第一，对辖区内新开工建设项目进行监督检查，检查其执行环境影响评价制度、"三同时"制度的落实情况，各项审批手续情况，尤其是生态环境管理部门的审批意见及审批前提，杜绝建设项目环境管理漏项、漏批、漏管的现象。

第二，对已开工的建设项目，要检查建设项目内容有无变化，包括建设性质、建设规模、采用的工艺、设备及使用的原材料有无重大变化；环境影响评价报告书中规定的环保设施落实情况、建设项目的实际内容与申报内容是否一致等。

环境监察人员应参与建设项目的竣工验收，通过竣工验收了解项目的详细情况，掌握该项目的优势和不足，对验收时提出的改进意见在以后的监察工作中予以重视。建设项目竣工验收后，竣工验收清单副本交环境监察机构保存，关注建设项目的生态环境问题，对区域性、流域性、资源开发、资源利用、生态建设项目做好环境影响评价工作。关注建设项目的生态保护效果和生态破坏效果。

第三，对分散型小企业、乡镇企业建设项目的环境监察，除以上要点外，重点监察其是否属于淘汰、限制、禁止的行业、工艺、设备等，属于上述情况的，应坚决取缔。

第四，对居民区、小城镇、农村的建设项目，如果对环境影响较小，其监察的重点是防止对生活环境造成破坏和建设项目引发的环境纠纷。

（三）排污企业环境管理监察

环境监察机构依法对排污企业环境管理进行监督检查，主要包括以下内容。

第一，企业落实环境管理制度情况检查。检查环境管理机构设置、企业环境管理人员配置、企业环境管理制度建设。

第二，企业工艺状况调查，监察污染隐患。深入企业内部的生产车间、班组、岗位，调查设备、工艺及生产状况，了解污染产生的原因、规模、污染物流向，以督促企业采取措施减少污染，防止污染事故的发生。其内容主要包括对生产使用原材料情况的调查，对生产工艺、设备及其运行情况的调查，对产品储存与运输过程的调查，对生产变化情况的调查等。

第三，排污企业守法情况检查。主要包括环境管理制度执行情况检查，排污许可证监理的各项内容、污染物排放情况检查，污染治理情况检查等。

第四，指导性监察。对企业进行环境监察的目的是督促排污企业加强生产管理和环境保护工作，预防和消除污染，保护和提高区域环境质量。因此，环境监察机构有责任与义务协助排污单位做好环境管理工作。环境监察机构应利用自身作为生态环境管理部门的信息优势及经验优势，积极主动地提供信息与参考意见，使企业获得投资小、收益高的污染防治方法。其内容包括提供技术改造建议、提供废弃物回收利用建议、提出污染治理建议、提供污染物集中控制指导建议等。

（四）生态环境监察的对象

第一，重要生态功能区的生态环境监察。凡经批准正式设立的各级生态功能保护区，无论属于哪一级政府管理，均应由同级生态环境行政主管部门的环境监察机构随时进行监察。其主要内容是：该生态功能区的边界情况；其管理机构履行生态保护管理职能情况；检查和制止保护区内一切导致生态功能退化的开发活动与人为破坏活动；停止一切污染环境的工程项目建设；督促该生态功能保护区恢复和重建生态保护功能的工程建设。

第二，重点资源开发区的生态环境监察。环境监察机构对水、森林、草地、海洋、矿产等自然资源的开发建设单位，应按照环境影响评价报告书和"三同时"制度的审批意见，认真检查开发建设单位的落实情况。凡是没有履行环境影响评价制度、"三同时"制度和水土保持方案的，一律不得开工建设，不得竣工投产。

第三，生态良好区域的生态环境监察。对生态良好区域的生态环境监察重点要放在维护该区域免遭改变与破坏方面，要及时发现并制止对自然环境的破坏行为，维护区域生态的良好状态。

第四，对本辖区的自然生态环境开展调查。本辖区的自然生态环境调查是生态环境监察的基础，要在农业、林业和草原、土地、矿产和卫生防疫部门的配合下，对本辖区的自然环境状况、人口状况、经济状况进行调查，以掌握本辖区的生态特征，确定本辖区生态环境保护的重点内容与区域，因地制宜地制订生态环境监察工作计划。

（五）海洋环境监察

海洋环境调查是海洋环境监察的基础，目的是搞清楚自然及人类活动对辖区海域的影响，以便采取针对性的管理措施。海洋环境调查主要包括海洋自然环境调查（包括自然地理位置、海区水文气象条件、海洋资源等）、近岸海域环境功能区海洋环境污染调查（包括总氨、总磷、化学需氧量、大肠菌群数、细菌总数等）、海洋环境污染源调查（包括海域活动排污状况、海岸工程建设的环境污染和破坏情况、常见污染活动等）。

海洋环境监察主要包括以下四个方面。

第一，海岸工程环境监察。重点检查海岸工程执行国家环境保护法规及制度情况；海岸排污口设置情况；港口、码头、岸边修造船厂等应设置的相应的防污措施，如残油、含油废水、垃圾及其他废弃物的接收和处理设施；滨海垃圾场或工业废渣填埋场应建防护堤坝和场底封闭层，设置渗滤液收集、导出系统和可燃气体的放散防爆装置；检查海岸工程对生态环境和水资源的损害，杜绝和减少国家及地方重点保护的野生动植物生存环境的改变与破坏，减少对渔业资源的影响和建设补救措施等；沿海滩涂开发、围海工程、采挖沙石必须按规划进行；检查海岸工程建设项目导致海岸的非正常侵蚀情况；检查海岸工程建设项目毁坏海岸防护林、风景石、红树林和珊瑚礁等的情况。

第二，陆源污染的环境监察。陆源污染的环境监察是指对陆地产生的污染物进入海洋从而对海洋造成污染或损害的监察。其主要包括根据有关标准检查违章排污、超标排污的情况；检查是否有含放射性物质、病原菌、有机物的废水或高温废水的排放情况；检查沿岸农药化肥的使用情况；检查近岸固体废物处理处置场的建设和管理情况。

第三，船舶污染的环境监察。船舶污染的环境监察主要是指对在海上停泊和作业的一切类型的船舶进行环境监察。其主要包括监察防污记录和防污设备；监察进行油类作业的船舶污水排放情况；对装运危险货物的船舶检查安全防护措施及含危险货物废水的排放情况；检查船舶垃圾收集处理设备是否正常运转；对船舶修造、打捞及拆船工程进行检查，检查其防污设备使用及运行情况；国家海事行政主管部门对在中华人民共和国管辖海域航行、停泊、作业的外国籍船舶造成的污染事故应登轮检查处理。

第四，海上倾废监察。利用船舶、航空器、平台或其他运载工具向海洋倾倒废弃物或其他有害物质的行为属于海洋倾废，海洋倾废是全球性的环境保护问题。海洋倾废监察重点包括检查倾废手续是否完备，装载废弃物的种类、数量、成分是否属实；对倾倒活动进行现场监督；监督海上焚烧废弃物的活动；监督管理放射性物质的倾倒；监督管理经由我国海域运送废弃物的外国籍船舶。

第四节　生态环境管理的行政手段

"伴随着自然生态环境问题的日益凸显和尖锐化，全方位与深层次应对生态环境的挑战正在成为一种社会共识和时代要求。应对这一挑战，政府调控是重要途径。而且生态环保多属于公共服务，政府也应该承担更多责任。推行生态行政理念、构建生态型政府是当代政府改革发展的新趋势和新目标。"①环境行政管理是政府对社会各领域行政管理的一个重要方面，是各级政府行政管理的重要组成部分，是政府社会职能的体现。

一、环境行政管理的法律手段

环境行政管理的法律手段是指管理者代表国家和政府，依据国家法律法规进行环境保护和管理的措施与方法。法律手段在环境保护领域具有举足轻重的地位，它代表着国家和政府对环境问题的权威与决心。依法管理环境不仅是控制并消除污染的关键途径，也是自然资源得到合理利用、维护生态环境健康稳定的重要保障。这一手段的有效性在于其强制性和规范性，能够确保环境保护工作不受任何非法干扰和破坏。

目前来看，我国已经构建了一套完整的环境保护法律体系，包括宪法、环境保护法、环境保护相关法律、环境保护单行法和环境保护法规等多个层面。这一法律体系为环境行政管理提供了坚实的法律基础，使得环境保护工作能够在法律的框架内有序进行。同时，这一法律体系也为环境保护工作提供了明确的法律依据和指引，使得管理者在环境保护工作中有法可依、有章可循。

随着环境保护意识的不断提高和环境保护法律体系的不断完善，法律手段在环境行政管理中的作用日益凸显。它不仅能够为环境保护工作提供有力的法律保障，还能够促进环境保护工作的规范化和制度化。在未来的环境保护工作中，法律手段将继续发挥重要作用，为推动我国生态文明建设做出积极贡献。

二、环境行政管理的行政手段

环境行政管理的行政手段是指在国家法律的监督下，各级环境保护管理行政机构以命令、指示、规定等形式作用于管理对象的一种手段。

从宏观层面来看，行政手段主要体现在环境政策的制定与推行，以及环境标准的设定与实施上。这些宏观层面的举措为环境保护提供了全局性的指导和规范，确保了

---

① 吴喜双. 生态行政的定位、价值及其实施路径 [J]. 宁德师范学院学报（哲学社会科学版），2012(4): 27.

环境管理活动在统一、有序的标准下进行。

从行为层面来看，环境管理的行政手段展现出更为具体和丰富的操作形式。环境行政立法为环境管理提供了法律依据，保障了环境保护活动的合法性。环境行政规划是对未来一段时间内环境保护工作的预先安排，确保了环境保护工作的系统性和前瞻性。环境行政审批、许可、验收等流程是对环境保护活动进行事前、事中、事后的全程监管，确保各项活动符合环境保护的要求。环境行政检查、监测、处罚等则是针对环境保护活动中出现的违法行为进行纠正和制裁，维护了环境法律的权威性和严肃性。

此外，排污收费、限期治理等经济手段也是环境管理行政手段的重要组成部分。这些经济手段通过调节经济利益关系，引导企业和个人主动采取环境保护措施，实现了环境保护与经济发展的双赢。环境行政调解和环境行政监督等则是通过协调各方利益，推动环境保护工作的顺利进行，提高了环境管理的效率和效果。

三、环境行政管理的经济手段

环境行政管理的经济手段作为环境政策工具箱中的重要组成部分，其应用旨在实现环境保护与经济发展的双赢。它依托国家层面的环境经济政策与经济法规，通过精心设计的市场机制工具，如价格机制、税收杠杆、信贷政策、补贴措施、押金制度、保险机制及环境收费等，有效地调节了社会经济活动中不同利益主体之间的经济关系。这些经济手段的核心在于通过经济激励和约束机制，引导社会经济活动的主体采取更加环保的行为模式。例如，通过提高污染排放的收费标准，增加企业的环境成本，从而激励其减少污染排放，寻求更加清洁的生产方式。同时，通过给予采用环保技术的企业税收优惠或补贴，可以进一步鼓励其在环境保护方面的投入和创新。此外，环境管理的经济手段还有助于培育和发展环保市场。随着环境问题的日益凸显，环保产业逐渐成为新的经济增长点。经济手段的运用可以吸引更多的社会资本投入环保领域，推动环保技术的研发和应用，进而形成良性的市场循环。

四、环境行政管理的技术手段

环境行政管理的技术手段可分为宏观管理技术手段、微观管理技术手段和宣传教育手段三个层次。

（一）宏观管理技术手段

宏观管理技术手段作为决策技术的核心，聚焦于对环境问题的整体性分析和策略制定。这些技术手段涵盖了环境预测、评价和决策等多个方面，旨在通过定量化、半定量化及程式化的分析方法，为环境管理提供科学、系统的决策支持。环境决策技术作为其中的关键，依据不同的量化程度、确定性程度、问题解决过程及目标数量，可以细分为定量与定性、确定性与非确定性、单阶段与多阶段、单目标与多目标等多种类型，这些分类有助于环境管理者根据具体情况灵活选择和应用不同的技术。

（二）微观管理技术手段

微观管理技术手段侧重于具体环境保护技术的应用，以实现对经济行为主体生产与开发活动的规范和控制。这些技术手段涵盖预防、治理和监督等多个方面，旨在通过全过程控制和监督管理，确保企业生产和资源开发过程中的污染防治与生态保护活动得到有效实施。其中，预防技术侧重于通过技术和管理手段预防环境污染和生态破坏的发生；治理技术则聚焦于对已经发生的环境污染和生态破坏进行治理与修复；而监督技术则通过常规监测和自动监测等手段，对环境状况进行实时监控和评估，确保环境管理活动的有效性和可持续性。

（三）宣传教育手段

宣传教育手段有以下四种形式。

1. 公众环境教育

通过新闻报道、影视媒体和社会舆论宣传等，面向社会公众所开展的不同形式和内容的环境教育属于公众环境教育。在四种宣传教育手段中，公众环境教育必须放在首位。公众环境意识是国民素质的重要组成部分，是监督国家和政府环境行为的社会基础。

2. 基础环境教育

各类大、中、小学所开展的环境保护科普宣传教育属于基础环境教育。贯穿于各类学校教材中的环境保护内容，结合世界环境日、世界地球日、世界水日等重大节日及国家重大环境保护行动所举办的各类环保实践活动，构成了基础环境教育的主要内容。这些环境教育理论与实践的宗旨是让学生在基础教育阶段树立环保意识，增加环保知识与技能，为其他类型的环境教育打下基础。

3. 专业环境教育

以高等院校为主体，培养专业环境保护专门人才的教育属于专业环境教育。随着环境问题的产生和发展，社会对环境保护及污染治理方面的专业人才的数量和质量提出了越来越高的要求，专业环境教育必然处于优先发展的地位。

4. 管理者环境教育

以提高管理者的环境意识、环境决策水平、环境管理水平为目的进行的各类学习和培训属于管理者环境教育。其包含以下两个方面的内容。

（1）针对普遍意义上的管理者，即各级政府机关（部门）的负责人、各类企事业单位的领导。作为领导者或决策者，他们的环境素质在决策中发挥着重要作用，针对领导者或决策者的环境学习与培训，旨在帮助他们提高决策水平，使他们在决策时不仅要考虑经济发展，而且要考虑环境保护问题，考虑影响区域社会发展的其他问题。

（2）针对环境管理人员。环境的变化性、环境问题的变化性、环境科学与技术的发展性等因素，均要求环境管理人员必须不断学习，以适应新形势下环境管理的要求。

第四章　水资源环境保护与管理实践

水是分布广泛却又十分重要的自然资源，它不仅是孕育和滋养地球上一切生物的最基本物质，还为人类提供了各方面的社会服务。水生环境关乎生态的健康和经济的发展，水生环境的污染可能导致数种后果。因此，人类必须对水资源的保护、修复及管理进行思考。本章重点探讨水资源保护与修复、水资源环境综合管理实践、水资源可持续发展的路径。

第一节　水资源保护与修复

一、水资源保护与修复原理

（一）水体污染机制与自净机制

"近年来，随着我国城市化、工业化进程的加快和经济发展水平的提高，城市生活污水和工业废水的排放量逐年增加，造成全国大部分城市河段均不同程度地受到了污染。人类对水资源毫无节制的开发和利用，导致地表水体及水环境出现了越来越多的问题（如水资源匮乏、水体污染等）。"[①]

1. 水体污染机制

（1）水体污染机制生物作用。

第一，生物分解作用。水生生物通过消化作用、呼吸作用及光合作用将水体中的有机质经复杂的好氧分解或厌氧分解，变成简单的无机分子（二氧化碳、氨、水和无机盐等）的过程。

好氧分解：含碳有机物质在溶解氧富裕的条件下，完全氧化生成二氧化碳和水，含氮和含磷有机物质的好氧分解结果，使水中累积了大量能被植物吸收利用的氮磷，

---

① 刘玉灿，田一，苏庆亮，等.我国地表水污染现状与防治策略探索 [J].净水技术，2021，40(11): 62.

为水体富营养化提供了条件；含硫有机物的好氧分解生成硫酸盐或硫代硫酸盐。

厌氧分解：在缺氧条件下，有机物经过嫌气性细菌的作用之后会产生大量恶臭性还原物，如硫醇、甲烷、硫化氢、氨等。硫化氢是一种与氰化物具有同等毒性的物质。若水中含有过量的硫化氢，则会给鱼苗的生长及鱼卵的存活带来一定的影响，甚至对成鱼造成严重危害。

第二，生物转化作用。水生生物在整个水污染过程中能促使某些物质发生形态、价态的转化，既可能促进其转化成毒性强的物质（如汞的甲基化），又可能促进其转化成毒性弱的物质。

第三，生物富集作用。生物富集作用又称"生物放大器作用"，经生物富集作用后，生物体内的元素或难分解有机物的含量大大超过水体中的浓度，富集作用可通过生物积累和生物放大两个过程实现。

（2）水体污染机制物理作用。

物理作用是指污染物（包括能量）进入水体后，在不改变其化学性质以及参与生物作用的基础上，只改变其空间的位置和物理形状的过程。影响物理作用的因素主要有污染物的物理特性、水流在水平和垂直方向上湍流扩散的尺度与强度、水体的边界、背景条件等。水污染的物理作用是最基本的作用，存在于一切污染过程之中，是水污染研究的基础。

（3）水体污染机制化学、物理作用。

第一，酸碱反应。天然水体的 pH 一般维持在 6.3～8.5，但含酸、碱的工业废水排入后，如超过水体本身的酸、碱缓冲范围，即可导致 pH 的明显变化，pH 可能小于 3 或大于 10，这在天然状况下是很少见的。酸性或碱性废水与相应的水体中的碱性或酸性物质进行中和作用或复分解反应，生成新的盐类，便会使水体受到新的污染。酸碱反应过程也为一些污染物的迁移扩散提供了有利的环境，从而加剧了水体污染。例如，大部分金属元素在强酸性条件下会形成易溶性化合物，这样有利于元素的迁移。

第二，氧化—还原作用。当水中存在两种或两种以上的变价元素时，彼此间便存在电子的转移。在污染水体中，这种作用更加明显和强烈，污染水体的氧化—还原作用对污染物的迁移、转化和存在形式等有重要影响。

第三，吸附—解吸作用。水中含有各种胶体，如硅、铅、铁等氢氧化物，复杂的次生黏土矿物和以腐殖质为主的有机胶体，以及大量的悬浮物。当污染物进入水体随水流迁移时，溶解在水溶液中的离子或分子被悬浮颗粒、胶体吸附。这种作用既可能改变吸附离子或分子的性质，又可能改变悬浮颗粒、胶体的性质。被吸附离子与悬浮物质、胶体物质之间可以进行离子交换作用、胶体化学作用。被吸附的离子或分子能随之迁移或沉降，在一定条件下又可能产生解吸作用。

2. 水体自净机制

（1）物理净化。

第一，稀释与扩散。污染物进入水体后，由于水体流速的推动其沿着水流前进方向运动，形成推流或平流；同时污染物的进入使水流产生了浓度的差异，污染物由浓度高处向浓度低处迁移，即产生了稀释和扩散的过程。稀释和扩散是天然水最基本的自净作用，污染物经过稀释和扩散的过程后，逐渐与水体相混合，其浓度因而逐渐降低。

第二，沉淀。沉淀作用是指随着水流流速减慢，其挟带悬浮物质的能力减弱，排入水体的污染物中含有的微小悬浮颗粒，如重金属、虫卵等逐渐沉到水底，可以起到澄清水体的作用，进而使水质得到改善。这些沉入底质的污染物很有可能就此被埋入底质中，也有可能因快速水流的撞击而再次漂浮到水面上，还有可能被分解成黑色的泥状物质等。

第三，吸附和凝聚。吸附和凝聚作用在此处所指代的是水中的污染物被固体（悬浮的黏土矿物、泥沙、有机碎屑及腐殖物质等）吸附，并随同固相迁移或沉淀。吸附作用主要有物理吸附、化学吸附和交换吸附三种类型。这几种吸附作用在水体中通常同时发生，使水与悬浮物之间发生物质交换。其中胶体的物理化学吸附作用是使许多污染物，特别是各种重金属离子由水中转入底质的重要方式。

（2）生物净化。

第一，生物分解。生物分解在生态系统中扮演着至关重要的角色，特别是在水体净化方面。这一过程依赖于微生物的代谢活动，它们通过一系列复杂的生物化学反应，如氧化、还原、脱羟基、脱氨基、加水分解和酯化等，将水体中的大分子污染物转化为小分子污染物，进而实现污染物的有效分解或降解。当水体中溶解氧充足时，好氧微生物能够氧化分解有机质，生成二氧化碳、水、硝酸盐和磷酸盐等简单的、稳定的无机物，显著促进水体的净化。

第二，生物转化。在水生生物的作用下，一些有毒污染物可以转化为无毒或低毒的化合物，这一过程称为生物转化，这种净化过程往往伴随着形态和价态的变化。例如，在水中硝化细菌的作用下，氨可经两个步骤被氧化为亚硝酸盐和硝酸盐；极毛杆菌等微生物能将二价汞（Hg^{2+}）还原为元素汞（Hg），促进水中汞的净化。

第三，生物富集。生物富集是指水生生物通过吸收和积累水中的污染物，降低水体中污染物的浓度，进而实现水体的净化。生物体对环境中物质的吸收方式多样，包括通过体表直接吸收、根系吸收以及通过食物链间接摄取等。原生动物、藻类植物和多种微生物通常通过体表进行吸收，而高等植物则主要通过根系进行吸收。对于大多数动物而言，吞食是它们从环境中获取物质的主要方式。这些生物通过吸收和富集水中的特定污染物，如酚类、锌、砷和汞等，有效地降低了水体中这些污染物的浓度，从而促进了水体的净化和生态恢复。

（二）地下水污染物的运移转化

1. 污染物运移

（1）渗流运移。

渗流运移是指污染物随地下水渗流作用一起被挟带迁移的过程，也称对流迁移。

（2）水动力弥散运移。

第一，机械弥散。地下水体具有一定的黏滞性，含水介质本身空隙形状、尺度不均一。受上述因素影响，地下水体在流动过程中，随机地进入不同的不规则细孔通道中，各细孔中的水体流速、方向以及大小均不一样，即使在同一细孔流束内部，各点的瞬时流速也有所差别。因此，机械弥散就是使污染物在被挟带流动过程中，逐渐被弥散，且占据越来越大的空间。污染物的分子扩散和机械弥散两者的机理虽然不同，但是表述在其作用下于单位时间通过单位面积的污染物质量的公式是相似的。鉴于这两种迁移作用同时存在又难以区分，因此，一般是将两者对污染物迁移的作用进行综合考虑，称为水动力弥散。

第二，分子扩散。污染物的分子扩散是由分子的布朗运动所引起的。即使在静止的溶液中，只要存在浓度梯度就会出现分子扩散，使溶质从高浓度区域向低浓度区域迁移，以趋浓度均一。溶质的分子扩散作用符合菲克第一定律。

2. 污染物转化

（1）颗粒污染物的吸附作用。

第一，表面吸附。表面吸附作用是由于胶体具有巨大的比表面积和表面能量而产生的物理吸附作用。可以理解为，当胶体表面积越大时，其所具备的表面吸附力就越大，而此时胶体的吸附作用也就越强。

第二，专属吸附。专属吸附是指在吸附过程中，除化学键的作用外，尚有加强的憎水键和范德华力或氢键在起作用。专属吸附作用不仅改变了表面电荷的符号，还促使离子化合物吸附在与之带相同电荷的表面上。

第三，离子交换吸附。地下水体中大部分胶体带负电荷，容易吸附各种阳离子。在吸附过程中，胶体每吸附一部分阳离子，同时也放出等量的其他阳离子，这种现象称为离子交换吸附。

（2）颗粒物的聚集。

胶体颗粒的聚集还可以被称为凝聚或絮凝。它们之间是存在一定区别的。凝聚是由电介质促成的聚集，絮凝则是由聚合物促成的聚集。

（3）溶解和沉淀。

溶解和沉淀是水—岩相互作用的一种。存在于包气带的污染物在大气降水入渗作用下，包气带水在向下渗透时，由污染物或其转化产生的可溶物质溶解并渗入地下水之中。一些污染物的 pH 和氧化还原电位发生变化，水中污染物的浓度过于饱和时，一些被溶解的污染物将沉淀析出。本质上溶解和沉淀是强极性水分子与固体盐表面离子之间的强相互作用。若该作用的强度超过盐离子之间的内聚力，那么，水合离子便会生成。

（4）氧化和还原。

通常将污染物中的化合物或元素电子发生转移，并致使化合价态产生一系列改变的过程称为氧化与还原反应。氧化与还原作用一般与地下水所处的氧化还原环境有一定关系，并且它们的作用大多时候会受到 pH 的影响。

二、水资源保护与修复措施

（一）生态需水与保障

1. 生态调度

在水资源管理的现代化进程中，生态调度作为一种先进的资源配置策略，不仅体现了对生态环境保护的高度重视，也为实现水资源的高效利用提供了新途径。生态调度旨在通过精细化的水资源调度措施，优化河流生态系统的水文学与水力学条件，进而达到维护和改善水生态环境的目标。

（1）生态调度内容。生态调度的核心内容在于，根据河流上下游不同生态区域的特定需求，如水量、流速、水位等生态敏感因素，制定和实施相应的调度策略。这一过程强调了对河流自然水文过程的模拟与恢复，通过调整水库、闸、坝等水利设施的运行方式，实现对水资源的优化配置和合理利用。具体而言，生态调度通过提出多目标水库（群）、闸、坝联合优化实时调度原则和方式，有效改变了传统水库调度中可能忽视生态环境需求的做法，使得水资源调度更加符合生态优先、绿色发展的理念。此外，生态调度还在控制河口咸潮入侵、预防和缓解重大水环境事故、改善水质等方面发挥了重要作用。通过合理的生态流量调控，生态调度不仅能有效减轻水利工程对下游生态与环境的负面影响，还能为河流中的关键生物种群提供更为适宜的生存环境，从而促进河流生态系统的健康和可持续发展。

（2）水库生态调度方法。水库生态调度主要特指考虑河段上下游生态目标和水环境保护要求的调度运用。主要包括保证维持下游河道基本功能的需水量、水温分层调度、泥沙调控调度、富营养化控制调度、模拟自然水文情势的水库泄流方式调度、控制下泄气体过饱和调度等。根据具体水利工程运行与管理中的特点和实际，实施包含以上各项或几项的综合优化。

（3）生态调度原则。生态调度原则的核心理念就是将生态环境保护目标引入水库调度中，丰富、发展和完善水库现有的功能，提高水库的综合效益。优化单个水库和水库之间的联合调度，在满足相应的发电、防洪、冲沙调度的条件下，更多地注重生态调度，即水库调度要更多地为改善河流水生态系统服务。在确定实时调度规则时，要根据确定的敏感生态流量的需求，同时考虑洪水脉冲等水文变异性特征，采用实时调度规则生成技术，将生态流量目标转化成实时调度规则。被提出的敏感生态水量需求可能仅是从历史水文序列中以统计值的形式出现，而现实的来水过程又有着很大的不确定性，实时调度必须解决对来水序列估计不准确造成的生态用水满足程度和生产生活用水满足程度之间的矛盾。解决这一问题需要综合考虑选择释放洪水过程的时机与支流入流一起构成更大的洪水事件及如何释放一个洪水脉冲而同时满足大坝下游的多个河段的环境需水要求。

2.生态补水

（1）补水目标。补水目标的确立应综合考虑我国河湖水污染治理需求与生态修复需求并存、水土流失相对严重及我国东西部社会经济差距的现实。在调查关注区域水生态环境现状、水质现状等综合条件的基础上，确立拟补水目标。根据优先级原则和重要性原则，依据实际情况，确立近期和远期的补水目标。

（2）补水工程。补水工程建立在补水目标确立的基础上。生态补水工程可分为跨流域生态调水工程、特殊生态保护目标需求的补水工程及应急补水工程。

第一，跨流域生态调水工程。跨流域生态调水工程是在两个或两个以上的流域系统之间通过调剂水量余缺所进行的合理水资源开发利用的工程，旨在解决受水区生态用水等多方面问题。跨流域生态调水工程组成一般包括水量调出区、水量调入区和水量通过区三部分。因此，跨流域生态调水工程的建设也从这三方面着手。

跨流域生态调水工程的特点：多流域性和多地区性，水资源时空分布上的不均匀性，某些流域和地区具有严重缺水性，工程结构复杂多样性，投资和运行费用大，较大风险性，生态环境的后效性等。因此可以说，跨流域生态调水工程是一项涉及面广、影响因素多、工程结构复杂、规模庞大的复杂系统工程。

第二，特殊生态保护目标需求的补水工程。特殊生态保护目标需求的补水工程是针对特殊生态保护目标需求的补水工程，旨在满足特殊生态保护目标的生态需水要求。特殊生态保护目标一般有河道湿地、珍稀鱼类的各班"三场"、河口湿地、库区湿地等。特殊生态保护目标需求的补水工程具有补水目的明确、针对性强等特点，其投入、系统复杂性、风险性等方面都不及跨流域生态调水工程。

第三，应急补水工程。应急补水工程主要保障生态关注区基本生态用水，尤其在干旱期间的基本生态用水，避免造成生态环境不可逆转地恶化。因此，应急补水工程主要体现在其针对现状生态环境的明显恶化——可能已经或即将到达警戒边缘生态环境——采取的可立刻缓解生态关注区生态用水紧张的工程。其具有补水规模、补水历时、区域范围相对跨流域生态调水工程较小，补水水源地较近等特点。

（3）补水水源。应该依据水资源综合规划和流域综合规划修编结果确定补水的水源。当流域水资源有一定余裕时，可研究向邻近缺水地区实施调水的可能性，以邻近水源为补水水源地；当流域水资源不足且缺水量难以在本流域调剂解决或者水质不满足条件时，可根据邻近河流的水资源情况和引水条件，研究跨流域调水，从而确定补水水源地。

（4）补水水量。补水水量应根据不同生态调水目的及需求确定，主要侧重于调出区可调水量和调入区需水量研究。由于调出区和调入区水文气象的不确定性与随机性，水文预报技术还达不到长时间准确预报的水平，调出区可供水量、调入区需水量均具有一定程度的不确定性，因此研究也具有一定的难度。一般要求如下。

第一，跨流域生态调水工程调入区应进行有关地区水资源供需分析。当拟调水量占取水断面多年平均来水量的20%及以上时，应进行调出区有关地区的水资源供需分析。

第二，水资源供需分析的范围，除有直接关系的流域外，必要时还应包括可能涉及的地区和流域。水资源供需分析宜分区进行。

第三，水资源供需分析的工作内容包括基本资料的收集和整理、水资源开发利用情况调查评价、需水预测、供水预测、供需分析与评价。

第四，水资源供需分析应重视对有关地区经济社会、资源利用、环境保护等方面的调查研究，收集有关水资源规划和科研成果，广泛听取各方面的意见和要求。

第五，水资源供需分析应研究基准年和近、远期规划水平年，以近期水平年为重点。关系国民经济发展全局和涉及国际关系，特别重要的跨流域生态调水工程还应对远景水平年进行推测估计。基准年宜选用资料较完整且具有代表性的最近时期的某一年份。

第六，需水量预测应遵循调入区从紧、调出区从宽的原则，包括经济社会需水量预测、生态环境需水量预测、河道内其他需水量预测。

（二）生境保护与修复

1. 河湖联通性的相关保护与修复

（1）横向联通性维护措施。

首先，生态护岸。生态护岸设计应该以生态系统理论为指导思想，从整体上恢复原有的自然生态系统，充分考虑动植物的生存条件和水体的景观美感及养护需求，尽量构建层次分明、结构合理、功能健全的生态型护岸，使河道水体充分发挥出其生态服务功能。进行生态护岸设计首先考虑护岸的安全性，要在工程上满足抵御洪水的要求，保证周边区域能够安全度过汛期。其次，尽量使人工护岸的硬朗线条柔和化、生态化。采用河岸分层、硬质软化等方法，尽量选择自然材料，如植物、木头、块石、卵石等材料修建护岸，应用土工材料绿化网、植被型生态混凝土、水泥生态种植基等技术，在护岸坡面人工造滩，修复湖滨芦苇带，形成湿生植物带—挺水植物带—沉水植物带—水生生物完整的水生生态系统。最后，要具有亲水性，设计还应融入更多的人文情怀；最好要具有持续性，使水体具有一定的自净功能和自我维持能力，水生态系统能够维持动态平衡，并保持长期的稳定。生态护岸的设计方法主要有栅栏法、抛石法和石笼法。

栅栏法适用于水流状态平缓的河湖地段，由于其抵制了水流作用力的侵蚀，可为植物生长及鱼类、两栖类动物和昆虫的栖息与繁殖创造条件。其简要方法为以栅栏状沿岸边打入直径为 10~15 cm 的圆木，做成与水流成平行和直角状的格子，再将格子填土压实。每个格子里面插种柳枝，一旦柳树成荫，其根系就会起到固定坡面的作用，以此保护河岸。

抛石法适用于河湖岸边地带，可抵制水流作用力侵蚀，为植物生长及鱼类、两栖类动物和昆虫的栖息与繁殖创造条件，同时美化水域景观。抛石法的效果与下列因素有关：石块的形状、大小、重量和耐久力；石块分级情况和厚度；以及河道的综合影响、横截面、河道坡度和流速分布状况。石块要短而结实的，最好是很多立方体形状的石块堆积在一起，在石块相对光滑的平面交接处，要有锋利的、带角的边缘。尽管有角的、立方形的石块受到的水流拖曳力要比磨圆的石块（卵石）大得多，但前者的抗冲刷能力更强。石块的大小要根据河流比降和水深，以及石头和沙子的粒径估算临界推移力，通常要选择临界推移力大于水流推移力的石块。所有的石块都要有条理地以合理的厚度安置，为抵制应力侵蚀提供最大的帮助。过大的石块即使在孤立的范围内，也会因为排除了个体石块间的相互支持，暴露过滤层和河床物质进而形成巨大的空隙，去除小石块进而形成过多的区域紊乱等会导致抛石护岸失败。

抛石护岸斜坡的稳定保护受河道边坡的陡峭程度影响，斜坡的高宽比通常不能超过 1：1.5。河岸稳定性分析要恰当结合土壤特性、地下水和河流条件等因素，同时也应考虑水位的急速消落和排水的失败等可能影响河道斜坡倾度的因素。

石笼法适用于高流速、侵蚀严重、岸坡渗透性较好的河岸。石笼属于柔性结构，对于不均匀沉降自我调整性较好。用石笼法构建出的河岸面十分粗糙并有很强的透水性，石材间的缝隙有利于动物栖息、植物生长。位于水平面以上的石笼还可结合土袋种植植物。

石笼属于柔性的概念设计，其本身为韧性结构，有较强的弯曲能力，可对抗水流冲击。当河床受到洪水冲刷时，石笼凭借自身的重量自动下沉，缓慢地柔性变形，有极佳的稳定性及整体性。填充的石料必须是符合设计标准的块石或卵石。网内的石料紧密结合相互固定，有很高的强度，且石料间有缝隙，具有很强的透水性。故在一定的河道宽度及河床坡度情况下适当地排列石笼，除可以发挥极佳的防洪功能外，还可以规划为公园绿地或其他可供休憩的场所。石笼紧贴着河道边坡的地形布置，有利于鱼虾等生物的生存和繁衍。石笼上方的孔隙可生长植物，石笼与绿色植物搭配，自然景观与人文景观互动，可大幅减少混凝土材料对环境造成的影响。

（2）纵向联通性维护措施。

纵向联通性维护涉及洄游通道的保护。洄游通道保护主要是指对具有溯河或降河洄游性鱼类等水生生物的主要洄游通道实施的生态学保护措施。对于筑坝闸引起的洄游通道阻塞问题，可以对涉及的拦河闸、坝进行改建和拆除，建造过鱼设施或采取其他补救措施。过鱼设施指不同类型的鱼道，如集运鱼船、升鱼机等工程设施，保证水工程不阻隔河段鱼类洄游、通过的措施。目前，国内的过鱼设施主要有鱼道、鱼闸、集运鱼船和机械升鱼机等。

第一，鱼道。鱼道由进口、槽身、出口及诱鱼补水系统等几部分组成。诱鱼补水系统的作用是利用鱼类逆水而游的习性，用水流来引诱鱼类进入鱼道，也可根据不同鱼类特性利用光线、电流等方式对鱼类施加刺激，使其进入鱼道。鱼道的布置包括鱼道的进口、出口位置和形态设计，槽身的布置，鱼道与枢纽等其他建筑物的相对位置以及鱼道周围环境等。鱼道入口处主要布置在水流平稳、水深一定的海岸或电站、溢流坝出口附近，应能在过鱼季节适应下游水位的变化，当变幅较大时，应设水位调节设备。鱼道出口应靠近岸边水流平顺的区域，并与溢流坝或水电站进口间留有足够的距离，以免过坝的鱼类重新被水流带到下游。鱼道槽身应与鱼道的进口、出口在同一岸，以免横跨闸坝，且便于管理。鱼道的设计参数包括过鱼对象、过鱼季节和鱼道上下游水位以及鱼道的设计流速，等等。

第二，鱼闸。鱼闸的过鱼原理和方式与在船闸中过船相似，由于鱼类在鱼闸凭借水位上升不必溯游即过坝，故鱼闸又称"水力升鱼机"。鱼闸可以分为沿海型鱼闸、沿江型鱼闸和电站枢纽型鱼闸。沿海型鱼闸位于沿海挡潮闸上，其上游水位比较固定，下游水位随潮汐涨落，每天出现两次高潮位，可以形成倒灌。主要过鱼对象一般是沿海岸要求进入内河湖泊肥育的幼鱼和蟹苗，也有一些从海口进入江河产卵的成鱼。几乎没有溯流能力的幼鱼和蟹苗可随倒灌潮水进入上游。沿江型鱼闸位于沿江或通江湖泊间的节制闸上，上游水位较为固定，下游水位受江水或潮汐影响。主要过鱼对象是幼鱼和小蟹，以及进入湖区肥育的中小鱼及产卵的成鱼。电站枢纽型鱼闸上下游水位有一定变幅，不发生倒灌，运行水头较大，洄游鱼类溯游能力较强，鱼道坡度较陡。过鱼对象主要是溯河生殖洄游和半洄游性的成鱼。

第三，集运鱼船。集运鱼船分为集鱼船和运鱼船两部分。集鱼船机动灵活，可在较大范围内变动诱鱼流速，可将鱼运往上游适当的水域投放，与枢纽布置无干扰，适用于在已建有船闸的枢纽补建过鱼设施。其缺点是运行费用大，诱集底层鱼类困难，噪声、振动及油污也影响集鱼效果。

第四，机械升鱼机。通常是使用缆车或专用运输车将鱼运往上游，与其他类型的鱼道设施相比，升鱼机的主要优点在于费用低，能适用较高的水头，当水头较高时，可采用多级水池；总体积小；对上游水位变化的敏感度低。与同水头的鱼道相比，其造价较省、占地少，便于在水利枢纽中布置。机械升鱼机的主要缺点是运行和维修的费用很高，过鱼不连续，仅适用于过鱼量不大的水利枢纽；对小型鱼类而言（如鳗鲡），机械升鱼机的速度一般较慢。

（3）垂向联通性维护措施。

垂向联通性的恢复主要是生态城市河道的衬砌。对于裁弯取直后单一化的人工渠道，改善河床材料硬质化，恢复地表水与地下水的有机联系，为微生物、水生生物、两栖动物等提供生存空间。河道铺设尽量少用高强度混凝土材料，多使用大石块和薄水泥浆块石等生态材料，让河道看起来更自然。

2. 生境形态的相关保护与修复

（1）天然生境保护。鱼类天然生境保留河段是指为保护特有、濒危、土著及重要渔业资源，需特殊保护和保留的未开发河段。鱼类生境状况是指在规划或工程影响区域内，鱼类物种生存繁衍的栖息地状况，可通过产卵场、索饵场、越冬场等鱼类生存繁殖中重要的生境质量表征，对鱼类天然生境的保留或保护直接关系着区域鱼类物种的数量与质量。加强对受损湿地生态系统的隔离保护与自然修复，禁止占压和开垦天然湿地，对湿地周边系统活动区，协调开发活动与湿地保护的关系；在珍稀、濒危生物集中分布地或候鸟繁殖、越冬、迁徙停歇地建立湿地公园与自然保护区，建立植物园，形成珍稀濒危植物基因库。

（2）生境再造措施。生境再造措施主要是指人工模拟建造仿自然的水生生境，在整治后的河流中重建深潭、浅滩镶嵌分布格局；或在鱼类"三场"处增加人工建筑物，营造适宜鱼类产卵、栖息及觅食的水流条件。生境再造包括重建深潭、浅滩以及人工栖息建筑。

第一，重建深潭、浅滩。河道中深潭、浅滩的分布格局是生境多样性的基础，重建深潭、浅滩的分布格局主要为裁弯取直后单一化的人工渠道恢复水生生物栖息、繁衍和避难场所，重建净化水质能力强的食物链结构，是河流生态修复的起点。在正常水流条件下，深潭和浅滩所提供的水深与水流条件是不一致的，这种不一致性正是保持水生生物活力和多样性的源头。在大多数河流中，两相邻的深潭或浅滩间的距离在5~7倍河宽范围内波动。深潭一般出现在河流的转角处，浅滩出现在直河道中。在低流速河道中，或是在河床基质为砾石或卵石的高流速河道中，深潭和浅滩的布置十分重要。而在沙质河床基质、高流速河道两岸建有防护墙的河道中，就不需要布置深潭和浅滩。

由于河道河床基质的黏度系数发生变化，在已铺设河道中布置深潭和浅滩是不合理的。在未铺设天然河道中，天然河流的水流条件及分水岭位置不稳定，导致深潭和浅滩的布置受影响，从某一深潭或浅滩中心到相邻深潭或浅滩中心的距离在5~7倍平均河宽（平均河宽是指一年内往返的间歇流的表面平均宽度）内波动。深潭和浅滩的大小与形状随着水力条件和生物条件的不同而有所变化。

深潭、浅滩格局重建时，开挖土料处理需考虑对水生态系统的影响。在平原地区，开挖后的废弃土料可以堆积成山，以提供视觉欣赏，还可以提供如山地运动等娱乐；开挖的土料也可以用于修建堤岸；还可以用于铺设缓冲带，构建野生动植物的栖息地、避难所。选择土料放置地点要考虑以下细节：放置地点的地形情况，该地的排水潜力，该地的计划用途及该用途与周边地区的协调性，该地稀有动植物和受影响动植物的情况，被放置土料的化学性质和物理形状，放置地点本身的生态价值和整个周边流域的栖息地情况。开挖土料不能随意放置在河道中或泄洪河道内。

第二，人工栖息建筑。人工栖息建筑是修建在河道内改善流态和流速，为鱼类提供"三场"的建筑物。从河道防洪的实际情况考虑，大尺寸的河流才有修建栖息建筑的必要。人工栖息建筑大致分为四种：丁坝、块石、基石和掩体。对于河床基质为沙子或粒径小于沙子的物质的河道，前三种建筑都不适用。

丁坝是从河岸延伸出但不扩展到整个河道的建筑结构。丁坝的主要作用是通过改变河道宽度使水流加速。丁坝可以指向上游，也可以指向下游或垂直于河岸，且要在河道两岸间隔布置。丁坝的建造材料和基石相同，常使用大石块和堆石。一定形式的丁坝结构可以改善鱼类的栖息地环境。通常丁坝设置在合适的河段位置，产生局部冲淤，增加局部水深，丰富地形形态，保护河道内已有的深潭和浅滩，为鱼类等水生生物提供更好的产卵、生长环境。

块石措施是指在远离两岸的场所布置大石块、石笼或混凝土块来减缓流速，形成冲刷坑。块石的条件是水流流速足够大，能够在下游形成冲刷坑。在那些沙质基质的河流，或河床基质不稳定的河流中，块石不可用。那些在河流中用于提供生物栖息地的块石，一定要耐磨损，有一定的强度和耐久度。块石可以单独杂乱地置于河道中，也可以多块重叠放置。

基石是横跨整个河宽的河底建筑，在其上游能形成深潭，而在其下游则形成冲刷坑。基石设计时都带有间隙或下凹，以使建筑后的回水效应最小。在水力坡降较大的河流中，基石比其他栖息建筑都有效。基石可以由木桩、岩石、石笼、混凝土、金属或以上材料相互结合起来使用。基石建筑遇到的最普遍的问题是侧面和底部的侵蚀，以及由洪水或浮冰造成的结构破坏。基石的尺寸要经过仔细设计，以免建得太高而阻碍洪水和鱼类。

掩体包括牢系在岸边的浮筏，固定在河床上的凸起物，锚固在岸边的树木和灌木，与水流方向成一定夹角的植物残骸，打入河床的成排木桩，布置于深潭中的巨石和石笼。设计掩体是一个不断重复的进程，设计过程包括：①可行性分析，判断河流原本的栖息地潜力和不足；②选择栖息建筑的种类；③设计栖息建筑的尺寸；④设计栖息建筑的分布；⑤调查洪水中及洪水后栖息建筑的作用；⑥分析栖息建筑构建后对河流中沉积物质转移及河道稳定性的影响。

（3）"三场"保护措施。"三场"保护与修复主要是指对鱼类集中产卵场、越冬场和索饵场的保护，特殊河段还需要提出鱼类资源避险场的保护要求。鱼类"三场"保护具体要求，可通过流速、水深、水面宽、过水断面面积、湿周、水温等水力参数及急流、缓流、深潭、浅滩等水力形态等参数表征。水利水电建设改变河道水文情势，使鱼类"三场"水力学参数发生变化，可根据研究得到鱼类"三场"的水力学参数，确定各参数阈值，通过优化配置水资源和采取必要的工程措施，对因水利水电工程建设、河道（航道）整治、采砂以及污染排放等人为活动遭到破坏或退化的鱼类"三场"进行保护和修复。河湖采砂对鱼类"三场"物理结构有直接影响，而且很难通过工程修复，因此更重要的是采取适当的管理措施，需要收集并分析河道地形、水文泥沙、地质勘测、沿江经济发展概况等基础资料，根据河道泥沙特性、移输规律和演变规律，泥沙的来量、冲淤及补给变化规律，以及各河段的防洪、航运、生态环境的要求，科学规划采砂方案。对重要水生生物生境提出限制采砂要求。在采砂结束后必须做好后续评估分析工作。

（4）岸边带保护和修复措施。河湖岸边带通过水—土壤—植物系统的过滤、渗透、吸收、滞留、沉积等物理、化学和生物过程及其综合作用，能有效控制和减少地表径流中包括氮、磷等养分的环境污染物。河湖岸边带的土壤和生物还能够对水体中的环境污染物质起到净化的作用。除此之外，由于河湖岸边带具有特殊的理化环境，又与该环境中生存的特有物种共同构建了一个相对独立于水和陆地生态系统之外的系统，因兼顾相邻系统的部分环境特征，作用于相邻系统的部分生态因子，如通过植被影响水、陆生态系统的营养循环、通过植物根系抵抗地表水体及地表径流的侵蚀等，使河湖岸边带在这两个系统之间形成了一个具有过渡性的缓冲区，从而实现稳定的相邻系统的生态功能。

河湖岸边带具有廊道、缓冲带和护岸三类生态系统功能，具体可以归纳为：①滞纳颗粒物质，过滤来自高地和地表径流所带来的污染物；②维护遭受侵蚀的河岸；③产生并保持新的水陆交错植被群落，维持无脊椎动物物种的丰富性和多样性。河湖岸边带的设计要根据河湖岸边带生态恢复目标、各功能区的生态现状以及基本恢复模式的技术经济指标，对河湖岸边带进行植被修复、水岸生态系统修复和生物生态廊道修复，恢复河湖岸边带自然的生态系统结构与功能，满足生态科普，生产、休闲游憩以及优化自然环境与旅游环境的生态需求。

河湖岸边带的设计必须确定两个因素：一是河湖岸边带植物种类的选取；二是河湖岸边带宽度的确定。而且需要注意的是，对于河湖岸边带植被的选取，是需要遵循一定的自然规律的。很明显，该流域已经被自然选择出了适宜的植物种类。通过对河流两岸的调查，可以明确哪些是适应该环境的优势种。若河湖岸边带看上去十分接近天然状态，这就证明河湖岸边带植被中土著种比较多，也就代表着它的生态功能较强。

在河湖岸边带采集植被时，有必要进行详细的计划，并以此来调查当地乔木、灌木、地面覆盖、蔓性植物和草本等植被的特性。河湖岸边带植物种类的选取和种植也会受到其构建目的的影响。在城市和人口众多的地区，乔木和灌木可以以公园与景观绿地的形式拦截和分解污染物，并形成良好的生态景观和动植物栖息地。在农田和水路之间没有喜阴植物的河湖岸边带中，灌木和草本植物可以形成一个草木丛生的河湖岸边带，乔木可以栽在这些区域的边界。在改善水质和提供栖息地方面，乔木较其他植物具有更多优势。土著乔木种要比外来物种有更好的效果。河湖岸边带宽度是由以下多个因素决定的。

第一，河湖岸边带建设所能投入的资金。

第二，该地点河湖岸边带河岸的几何物理特性，如坡度、土壤类型、渗透性和稳定性等。

第三，该流域上下游水文情况和周边土地利用情况。

第四，河湖岸边带所要实现的功能。

第五，土地所有部门或业主提出的要求和限制。

河湖岸边带所要发挥的功能，在通常情况下决定了河湖岸边带的宽度。它并不能用于建设河湖岸带，同时也不能起到净化水质、稳固河岸、保护鱼类和野生动植物、满足当地居民的各种生活所需的作用。因此，在大部分情况下会先考虑"可接受最小宽度"这个指标。可接受的最小宽度是河湖岸边带宽度中满足所有要求的最小成本。基础的河湖岸边带骨架离河岸顶部的距离是20 m。河湖岸边带的宽度每增加一点，它能产生的综合效应就多一点。

3. 水生生物的相关保护

（1）基因保护。

基因保护措施主要针对珍稀濒危鱼类的基因保护。水工程对鱼类基因组的影响主要在于生境破碎化后，适宜生境斑块密度和生境质量下降，遗传漂变加剧造成物种基因损失。因此恢复生境联通性、修复适宜生境以及科学的管理是基因保护的主要措施。

目前，离体基因保护已经成为保护生物学的热点问题，离体基因保护可以使基因资源在没有动植物实体的状态下永久保存，通过将生物体全部基因的随机片段重组为克隆体，来完整保存其基因信息，并通过整合与菌株的克隆传代方式，使其全部基因方便且稳定地代代相传，以达到永久保护该物种基因资源的目的。因此，除具体的工程措施外，对珍稀濒危物种进行基因指纹图谱的鉴定，建立起相应的完整基因资源库是基因保护的主要措施。

（2）种群保护。

第一，生物增殖。生物增殖技术是指通过修复鱼类"三场"的水力学条件实现鱼类种群的自然增殖。水库人工调节促成或减缓洪峰过程的形成，改善产漂流性卵鱼类产卵条件；或在江段选择适宜水域，人工建设离岸堤、潜堤、突堤、导流堤等控制水流工程，形成因水流冲击而从深处向上翻溢的泡漩流、漩流、波峰或波谷，满足产漂流性卵鱼类的产卵条件；在库区种植植物和铺石，改善产黏性卵鱼类的产卵基质，以此达到水生生物的自然增殖。

第二，生物放流。生物放流主要是指通过水生生物人工增殖放流的抚育行为，对水生生物保护物种和渔业资源进行保护的措施，包括珍稀鱼类物种保护型增殖放流和经济鱼类资源增殖型增殖放流。通过人工增殖放流，对因工程造成的鱼类资源减少和流失进行恢复补偿，同时保护生物多样性，使库区和工程下游的鱼类资源持续发展。

各流域应根据流域生态特点，从流域总体角度，合理规划布局流域濒危水生生物驯养繁殖基地，制定水生生物人工放流制度。鱼类增殖放流站布局应选在具有良好的饵料基础，没有工业污染和石油制品污染且水、电和交通都比较方便的地方。最好选择离放流地点比较近，离水电站和水利管理部门也较近的地方，以便于运行和维护管理。放流对象主要选择水工程对天然增殖产生不利影响较大的物种，同时要考虑人工繁殖技术的可行性。放流鱼种的规格越大，其成活率越高，但其培育成本越高，所需生产设施也越多。增殖站点的选择要求离水源近、水质良好、地形平坦开阔、土壤保水性强、交通便利、靠近放流水域，并考虑所处高程、征地可行性、当地水利水产部门的要求等因素进行选择。放流点位则需根据库区和上下游鱼类、饵料生物现状及幼鱼肥育场所分布情况确定。当对流域进行梯级开发时，各工程之间应统一协调确定布置的位置。

第三，禁渔休渔。当鱼类处于产卵期时，应设立禁渔区和休渔期，这对鱼类的繁殖以及幼鱼的生长起到至关重要的保护作用。所以，需要加大宣传力度，加强并完善禁渔制度的建设，可通过对江段实施禁渔活动，来进一步推动统一禁渔期制度的建设。除此之外，在禁渔期间还需要给予那些以捕鱼为生的渔民一定的生活补助。

第四，物种救护。建立常态保护与救护机制，对受到威胁的珍稀濒危野生水生植物生境进行保护，对误捕、受伤、搁浅、罚没的珍稀濒危水生野生动物及时进行救治、暂养和放生。

珍稀濒危物种野外救护包括：①对珍稀濒危物种分布区遭到破坏的生境进行恢复和改造，在食物不足区域给珍稀濒危野生动物补充、投喂食物，抢救性保护珍稀濒危野生动植物的野外种群；加强稀有濒危物种的野外巡逻，以防止和遏制野生动植物的非法贩运或盗窃势头；对发现、收容的野生水生动物伤病个体进行治疗、养护和放归自然；当珍稀濒危野生动物遭受自然灾害时采取拯救措施等。②在珍稀濒危物种重点分布区开展保护拯救试点示范等，对遭到破坏的生境进行恢复和改造，对生境变化导致生存受到威胁的珍稀濒危野生植物个体进行移植，使濒危植物物种得到有效的保护。

珍稀濒危物种人工繁育措施包括：①珍稀濒危野生动植物种源引进和调配；②人工繁育珍稀濒危野生动物放归自然；③人工培植的珍稀濒危野生植物引入；④野生动植物种质基因资源样本收集与保存；⑤野生动植物繁育试点及规范化示范；⑥野生动植物种源档案记录及管理等。

对于栖息条件退化导致的土著物种退化问题，在修复生境的同时，通过引种方式恢复河流生态多样性。对具有重要遗传育种价值或特殊生态保护和科研价值的水产种质资源设立水产种质资源保护区，以储备物种、保护生物多样性；合理规划野生动物繁育中心与濒危水生生物驯养繁殖基地，实施专项物种保护。

第二节　水资源环境综合管理实践

水污染是指水体因某种物质的介入而导致其化学、物理、生物或放射性等方面特性的改变，从而影响水的有效利用，危害人体健康或破坏生态环境，造成水质恶化的现象。通常用水质指标来表示水质的好坏和水体被污染的程度。水质指标通常可分为物理性指标、化学性指标和生物性指标三类，常见的水质指标包括温度、色度、浊度、电导率、固体含量、pH、硬度、生化需氧量（BOD）、化学需氧量（COD）、总有机碳（TOC）、溶解氧（DO）、大肠杆菌数、氟化物、氰化物、砷、汞、铬、硝酸盐等。

水资源环境管理的对象包括地表水环境管理、地下水环境管理和海洋环境管理三个方面。虽然全球水循环作为一个整体具有紧密的相互关联性，但由于自然条件和本底特征不同，各国的管理方式、管理体制和管理难度有较大差异。

一、地表水资源环境管理

（一）地表水资源环境管控目标

环境管理模式与经济发展水平、公众环境意识和监督管理能力等因素密切相关，通常有三种模式：第一种以环境污染控制为目标导向，以实施严格的排放标准和总量控制为标志；第二种以环境质量提高为目标导向，以严格的环境质量标准和目标为标志；第三种以环境风险防控为目标导向，以风险预警、预测和应对为主要标志，关注人体健康和生态安全。目前，我国正处于第一种模式向第二种模式转型的时期，地表水环境管理基本属于从以污染控制为目标导向转向污染控制与质量提高兼顾的模式。

我国依据地表水水域的实际使用情况和保护需求，将水质标准分为五类：Ⅰ类水质标准主要适用于生态敏感区域，如源头水和国家自然保护区，这些区域对水质要求极高，以确保生态环境的原始性和生物多样性。Ⅱ类水质标准则聚焦于生活饮用水水源和珍稀水生生物的栖息地，对水质中可能危害人体健康和生态安全的污染物设置了严格的限值。Ⅲ类水质标准涵盖了更为广泛的水域功能，包括生活饮用水水源的二级保护区、渔业水域以及游泳区等。这些区域的水质标准在保证基本生活用水安全的同时，考虑了渔业资源和休闲娱乐活动的需求。Ⅳ类水质标准则主要针对一般工业用水区和非直接接触的娱乐用水区，其水质标准相对宽松，但仍需满足工业生产和娱乐活动的基本需求。Ⅴ类水质标准适用于农业用水区和一般景观要求水域，这些区域对水质的要求相对较低，但仍需确保水体的基本生态功能和景观价值。

在地表水环境质量标准的制定中，不同功能类别的水域执行相应的标准值，且水域功能类别高的标准值更为严格。此外，当同一水域具有多种使用功能时，为保障水质安全，将执行最高功能类别的标准值。

（二）水污染源管控对象

污染源按污染成因可分为天然污染源和人为污染源；按污染物种类可分为物理性污染源、化学性污染源和生物性污染源；按分布和排放特性可分为点源（来自工矿企业、城市或社区的集中排放，其污染物的种类和数量与点源本身的性质密切相关）、面源（流域集水区和汇水盆地，污染通过地表径流进入天然水体的途径，其主要污染物有氮、磷、农药和有机物等）、扩散源和内源。

（三）饮用水水源管理

饮用水作为人类生存不可或缺的基本需求，其安全性直接关系到亿万人民群众的健康与福祉。因此，饮用水水源管理在我国水环境管理工作中占据举足轻重的地位。为了确保人民群众能够饮用到安全、清洁的水源，我国政府历来高度重视，并将其作为一项长期的战略任务来抓。

为了加强饮用水水源安全保障，我国不仅建立了严格的饮用水水源保护区制度，还制定了一系列相关的法律法规和标准，对水源地周边环境、水质监测、污染防治等方面进行了全面而细致的规定。同时，政府还加大了对水源保护区的投入，加强了基础设施建设，提高了水源地的保护能力。

此外，我国还积极推动饮用水水源地的生态修复工作，通过植树造林、水土保持等措施，改善水源地的生态环境，提高水源地的自净能力。同时，政府还加强了对水源地周边企业的监管，严格控制污染物的排放，确保水源地不受污染。

（四）水环境区域补偿

水环境区域补偿机制作为一种经济激励手段，旨在纠正和补偿因跨界水质污染而带来的环境损害。这一机制基于行政区域划分，要求当跨界断面水质超过既定考核标准时，上游地区须对下游地区进行经济补偿。尽管学术界在水环境区域补偿的具体定义和范畴上尚未形成完全一致的认识，但普遍认同其作为地区间经济补偿的重要性。

从理论层面分析，水环境区域补偿不仅关注污染者对受害者的补偿，更涵盖了因上游地区生态环境改善而使下游地区受益的情境。这种补偿机制超越了传统意义上企业对企业或少数受害者的直接赔偿范畴，而是上升至区域间财政层面的民事给付。通过这一机制，不同区域之间的环境利益关系得以明确，有助于促进环境责任的合理分配和公平承担。

在实践中，水环境区域补偿机制扮演着区域间利益协调的关键角色。它通过动态运行不仅确认了各行政区域的合法环境权益，还促进了相邻地区在水环境保护方面的合作。这种合作不仅有助于提升区域间的环境正义感，还有助于实现整体环境利益的最大化。具体而言，水环境区域补偿机制能够激励上游地区积极改善水质，减少污染排放，同时也鼓励下游地区在水资源利用和环境保护方面采取更为积极与负责任的态度。

二、地下水资源环境管理

（一）地下水环境管控目标

全面监控典型地下水污染源，有效控制影响地下水环境安全的土壤，科学开展地下水修复工作，重要地下水饮用水水源水质安全得到基本保障，地下水环境监管能力全面提升，重点地区地下水水质明显改善，地下水污染风险得到有效防范，建成地下水污染防治体系。

（二）地下水污染防治区划

地下水污染防治区划是地下水污染地质调查评价工作的一项重要内容，其目的是保护地下水资源，为制定和实施地下水污染防治规划提供依据。

保护区可以划分为一级保护区、二级保护区及准保护区；防控区可以划分为优先防控区、重点防控区和一般防控区；治理区可以划分为优先治理区、重点治理区和一般治理区。

1. 污染源载荷评估

地下水重点污染源主要包括工业污染源、矿山开采区、危险废物处置场、垃圾填埋场、加油站、农业污染源和高尔夫球场等。

单个地下水污染源荷载风险的计算公式为

$$P = T \times L \times Q$$

式中：P——污染源荷载风险指数；

T——污染物毒性，以致癌性标示；

L——污染源释放可能性，与污染物类型、污染年份、防护措施等有关；

Q——可能释放污染物的量，与污染年份、污染面积、排放量等有关。

对单个污染源风险进行计算，计算结果 P 值由低到高排列，根据取值范围分为低、较低、中等、较高、高五个等级。依据各污染源计算结果叠加形成综合污染源荷载等级图，由强到弱分为强、较强、中等、较弱、弱五个等级。

2. 地下水脆弱性评估

地下水脆弱性评估主要针对我国浅层地下水的水文地质条件，提出适合的孔隙潜水、岩溶水及裂隙水的地下水脆弱性评估方法，得出在天然状态下地下水对污染所表现出的本质敏感属性。地下水脆弱性评估与污染源或污染物的性质和类型无关，取决于地下水所处的地质与水文条件是否是静态、不可变和人为不可控制的。因此，地下水脆弱性评估首先是判别地下水类型，然后识别地下水脆弱性主控因素。

3. 地下水功能价值评估

地下水的使用功能主要包括饮用水、饮用天然矿泉水、地热水、盐卤水、农业用水、工业用水等。在明确地下水使用功能的基础上，地下水功能价值等级的计算综合考虑两个方面的因素：地下水水质和地下水富水性。地下水富水性表征地下资源的埋藏条件和丰富程度，可用评估基准年的单井涌水量表征。

4. 地下水污染现状评估

地下水污染现状评估是指在不同的地下水使用功能区内评估人类活动产生的有毒有害物质的程度。主要采用"三氮"、重金属和有机类等有毒有害污染指标，在扣除背景值的前提下进行评估，直观反映人为影响的污染状况，根据评估指标超过标准的程度进行分区。其评估方法主要是对照法。

（三）地下水污染源控制

1. 城镇污染源控制

持续削减影响地下水水质的城镇生活污染负荷，控制城镇生活污水、污泥及生活垃圾对地下水的影响。在提高城镇生活污水处理率和回用率的同时，加强现有合流管网系统改造，减少管网渗漏；规范污泥处置系统建设，严格按照污泥处理标准及堆存处置要求对污泥进行无害化处理处置。逐步开展城市污水管网渗漏排查工作，结合城市基础设施建设和改造，建立健全城市地下水污染监督、检查、管理及修复机制。降低大中城市周边生活垃圾填埋场或堆放场对地下水的环境影响，目前正在运行且未做防渗处理的城镇生活垃圾填埋场应完善防渗措施，建设雨污分流系统。

2. 工业污染源控制

建立工业企业地下水影响分级管理体系，以石油炼化、焦化、黑色金属冶炼及压延加工业等排放重金属和其他有毒有害污染物的工业行业为监管重点。石油天然气开采的油泥堆放场等废物收集、储存、处理处置设施应按照要求采取防渗措施，并防止在回注过程中对地下水造成污染。防控地下工程设施或活动对地下水的污染，兴建地下工程设施或者进行地下勘探、采矿等活动，特别是穿越断层、断裂带以及节理或裂隙的地下水发育地段的工程设施，应当采取防护性措施。整顿或关闭对地下水影响大、环境管理水平差的矿山。

3. 农业面源污染

除化肥和农药等主要污染源防控外，还要把控制污水灌溉作为重点。要科学分析灌区水文地质条件等因素，客观评价污水灌溉的适用性。避免在土壤渗透性强、地下水位高、含水层露头区进行污水灌溉，防止灌溉引水量过大，杜绝污水漫灌和倒灌引起深层渗漏污染地下水。污水灌溉的水质要达到灌溉用水水质标准。定期开展污灌区地下水监测，建立健全污水灌溉管理体系。

重污染地表水侧渗、垂直补给和土壤污染也是导致地下水污染的途径。

三、海洋资源环境管理

"对于人类发展而言，海洋因其丰富的资源拥有量为社会发展做出了重要贡献。新时代背景下，应高度重视海洋生态文明建设，注重海洋环境污染的治理，以实现海洋资源的充分利用。"①

海洋环境管理作为现代环境科学的重要分支，旨在维护海洋生态系统的健康与稳定，保障海洋资源的可持续利用，并应对全球气候变化等挑战。在当前的学术研究中，海洋环境管理日益受到关注，其实践措施也呈现出多元化、系统化的特点。

第一，对海洋污染源的严格控制。这包括减少陆源污染物的排放，如工业废水、生活污水以及农业化肥、农药等；同时，加强船舶油污和塑料垃圾等海上污染源的监管与治理，通过制定严格的排放标准与处罚措施，降低海洋环境的污染负荷。

第二，海洋生态修复与保护。通过实施海洋生态工程，如人工鱼礁建设、湿地恢复等，增加海洋生态系统的生物多样性和稳定性。同时，加强海洋保护区建设，对珍稀濒危物种及其栖息地实施有效保护，防止海洋生态资源的过度开发。

第三，注重科技支撑与国际合作。借助先进的海洋监测技术，如卫星遥感、无人机等，实现对海洋环境的实时监测与预警，为海洋环境管理提供科学依据。同时，加强国际合作与交流，共同应对海洋环境问题，推动全球海洋治理体系的完善与发展。

第四，提升公众参与与意识。通过加强海洋环境保护宣传教育，提高公众对海洋环境问题的认识与关注度；鼓励社会各界参与海洋环境保护活动，形成全社会共同关注、共同参与海洋环境保护的良好氛围。

综上所述，海洋环境管理是一个涉及多领域、多层次的复杂系统工程。通过严格控制污染源、加强生态修复与保护、注重科技支撑与国际合作以及提升公众参与意识等措施的综合运用，可以有效促进海洋生态系统的健康与稳定，实现海洋资源的可持续利用，为人类的生存与发展提供有力保障。

第三节 水资源可持续发展的路径

一、建立宏观调控机制

建立"以水定人口，以水定生产，以水定发展"的宏观调控机制。各行各业应根据实际需求用水，换言之，各行各业需要按照水资源的条件来进行水的使用。例如，某地缺水情况相对严重，那么该地区就不应建设耗水量大的企业。除此之外，还需要根据水资源的变化情况及时对工业产业布局、产业结构以及规模进行调整。尤其对小

① 王卫杰.新时代推进海洋环境治理的难点与应对[J].清洗世界，2022，38(4): 70.

城镇建设中的水资源问题，应更加重视，不应盲目扩大、发展。应根据当地人口数量、环境的特征以及资源储备的多少来制定属于自己的可持续发展规划、策略。不断加强民众水危机意识，使其能够深切意识到水是一种极其珍贵的资源，形成节约用水的良好风气。同时，还需要对人口数量的增长进行适宜的控制，制止一切破坏森林和草地的行为，并有节制地进行土地开发，确保国民经济和社会可持续发展。

二、建立水资源管理体制

随着人口增长、工业化进程的加速和气候变化的影响，水资源管理面临前所未有的挑战。为了有效应对这些挑战，必须构建一个权威、高效且协调的水资源管理框架。这一框架的核心在于实现水资源的统一规划、分配和管理，以确保有限的水资源能够得到合理、高效的利用。

第一，建立权威的管理机构是确保水资源管理有效性的基础。这一机构应具备高度的权威性和决策能力，能够协调各方利益，制定并执行科学的水资源管理政策。同时，该机构还应加大对水资源开发、利用、保护和管理的监管力度，确保各项政策的顺利实施。

第二，高效的水资源管理体制需要依赖先进的技术手段。通过引入现代信息技术、大数据分析和人工智能等先进技术，可以实现对水资源的实时监控、预测和调度。这不仅可以提高水资源管理的效率和精度，还可以为水资源规划提供更为科学的依据。

第三，协调的水资源管理体制需要强调跨部门和跨区域的合作。水资源管理涉及多个部门和地区，需要各方共同努力、协同作战。因此，应建立有效的沟通机制和合作平台，促进各部门和地区之间的信息共享、政策协调和技术合作。这不仅可以提高水资源管理的效率和质量，还可以促进区域经济的可持续发展。

在具体实践中，可以从这些方面入手构建权威、高效与协调的水资源管理框架：一是加大水资源管理法规的制定和执行力度，明确各级政府和相关部门在水资源管理中的职责与权利；二是建立健全水资源监测网络和信息共享平台，实现对水资源的实时监控和预测；三是推广先进的节水技术和设备，提高水资源的利用效率；四是加强水资源保护和修复工作，维护水生生态系统的健康和稳定。

三、全面深化流域综合治理

流域是水资源管理的基本单元，其综合治理对保护生态环境、实现可持续发展具有重要意义。全面深化流域综合治理需要从以下几个方面入手。

第一，树立大流域的治理观念。流域是一个完整的生态系统，其上游、中游和下游之间存在着紧密的生态联系。因此，在治理过程中，需要从整个流域的角度出发，综合考虑上下游、左右岸的利益关系，制订科学的治理方案。

第二，加强流域生态环境的保护和修复工作。通过实施退耕还林、水土保持、湿地保护等措施，提高流域生态环境质量，提高生态系统的稳定性和服务功能。同时，需要加大对流域内污染源的治理和监管力度，减少污染物排放对水资源和生态环境的破坏。

第三，加强流域水资源的合理调配和高效利用。通过建设水利工程、调整产业结构、推广节水技术等措施，优化水资源配置结构，提高水资源的利用效率。同时，需要加强流域内各地区之间的合作和协调，共同推进流域综合治理工作。

四、提高水资源管理技术

随着科技的不断进步和发展，水资源管理技术也在不断革新和改进。通过引入先进技术和管理手段，可以提高水资源管理的效率和精度，为实现水资源的可持续利用提供有力支持。

第一，加强水循环预测和分析技术的研发与应用。通过运用现代信息技术和大数据分析等手段，可以实现对水资源的实时监控和预测分析。这不仅可以为水资源管理提供科学依据，还可以为应对极端天气和水资源短缺等挑战提供有力支持。

第二，加强水资源循环体系的建立和优化。通过推广节水技术、建设污水处理和再生利用设施等措施可以实现水资源的循环利用与高效利用。这不仅可以减少水资源的浪费，还可以降低环境污染和生态破坏的风险。

第三，加强卫星分析系统等先进技术的应用。通过利用卫星图片和遥感技术等手段可以实现对水资源的远程监控与预测分析。这不仅可以提高水资源管理的效率和精度，还可以为应对自然灾害和突发事件提供有力支持。

五、科学制定水价策略

水价策略是调节水资源供需关系、促进水资源节约的重要经济手段。科学制定水价策略对实现水资源的可持续利用具有重要意义。

第一，根据当地水资源状况和用水需求情况制定合理的水价标准。通过考虑水资源成本、供水成本以及用户需求等因素，可以制定出既公平又合理的水价标准。这不仅可以保障供水企业的正常运营，还可以促进用户节约用水。

第二，利用经济杠杆推动节水型工业、节水型城市和节水型社会的建设。通过实施阶梯水价、超定额加价等措施，可以引导用户节约用水、提高水资源利用效率。同时可以通过财政补贴、税收优惠等政策措施鼓励企业采用节水技术和设备推动节水型工业的发展。

第三，加大水价监管和执法力度，确保水价政策的顺利实施。通过建立健全水价监管机制和执法队伍加强对水价政策的宣传与普及，提高用户对水价政策的认识和理解。这不仅可以保障用户的合法权益，还可以促进水资源管理的规范化和法治化。

第五章　土地资源环境保护与管理实践

在当前社会经济发展与生态环境保护的双重压力下，土地资源的合理利用与保护成为实现可持续发展的关键。土地资源不仅是人类生存的基础，更是生态系统的重要组成部分。保护土地资源有助于维护生物多样性、促进生态平衡，以及保障农业生产的稳定。因此，加强土地资源环境保护对实现人与自然和谐共生，推动经济社会的可持续发展具有重要意义。

第一节　土地资源开发与保护

一、土地开发、整理与复垦

（一）土地开发的原则

土地开发是指因人类生产建设和生活不断发展的需要，采用一定的现代科学技术和经济手段，扩大对土地的有效利用范围或提高对土地的利用深度所进行的活动，包括对尚未利用的土地进行开垦和利用，以扩大土地利用范围。土地开发的基本原则包括以下内容。

第一，农用土地开发优先的原则。我国人地矛盾的关系决定了为了民族的生存发展，要保护耕地。因此，在待开发土地资源有限的前提下，应优先用于农用地开发。"农村土地开发能够挖掘农村土地资源的潜力，既推动农业产业升级，又提高了农民收入，大幅增加土地收益。同时实现绿色发展转型，改善生态环境。"[①] 当然，不排除在某一地区和特定情况下，优先开发建设用地。

第二，生态平衡原则。不同的土地开发方式对生态环境的影响不一样。如果开发合理，符合生态平衡规律的要求，土地开发将加速生态系统中物质能量的转化、循环，

---

① 张洪霞. 新时代农村土地开发思路 [J]. 新农民，2024(9): 15.

促进农业发展，取得较好的经济效益。否则，会使生态失衡、生态环境恶化、危害农业生产，最终影响经济效益的实现。因此，须遵循自然规律因地制宜地开发土地。

第三，综合性开发原则。研究土地开发时，要依据开发地区的自然生产力情况，对自然条件好、土地资源丰富、经济发达的地区，要集中力量进行综合性开发；对自然条件差、经济发展比较缓慢，多灾、低产地区要加强土地综合整治和进行保护性开发。通过综合分析评价和统筹规划，以保证最大限度地发挥土地开发的宏观经济效益。

（二）土地整理的环节

土地整理是指通过采取各种措施，对田、水、路、林、村综合整治，提高耕地质量，增加有效耕地面积，提高农业生态条件和生态环境的行为。对农用地整理的管理，主要包括以下七个环节。

第一，管好用地整理的规划、计划。在编制或修编土地利用总体规划时，一定要明确农用地整理指标，确定布局。

第二，管好农用地整理项目的可行性论证工作。整理土地必须做好论证方可申请立项。

第三，管好项目的规划设计。组织、指导整理土地的单位和个人按照有关规定搞好项目规划设计。

第四，管好项目的审查报批工作。依照土地管理法律、法规的有关规定，认真审查，严格把关，完善有关手续。

第五，抓好项目实施时的监督检查工作。保证按经批准的项目规划设计组织实施。

第六，管好项目的验收。农用地整理要确保增加有效耕地面积，提高耕地质量，保护生态环境，提高农业生产条件。

第七，管好整理土地的权属管理。土地整理前，要严格确定土地权属；土地整理后，涉及权属调整的，在做好土地变更调查的基础上，确定土地权属，做好土地变更登记，切实保护土地权利和合法权益。

（三）土地复垦的要求

土地复垦是指对在生产建设过程中因挖损、塌陷、压占等破坏的土地，采取整治措施，使其恢复到可供利用状态的活动。

在生产建设过程中破坏的土地，可以由企业和个人自行复垦，也可以由其他有条件的单位和个人承包复垦。企业在生产建设过程中所破坏的集体所有的土地，可以由国家征用，也可以由集体留用。企业在生产过程中破坏的国有土地或国家征用的土地，其使用权属和收益分配问题，企业复垦的可以由企业使用，如依承包合同复垦的，依合同约定条款确定，也可以由国家征用，但必须补偿。土地复垦后，应当按照国土管理部门确定的复垦标准进行验收，复垦的土地只有达到复垦标准并经行政主管部门验收合格后，方可交付使用。在生产建设过程中，破坏的国家征用土地经复垦后如权属依法变更的，必须依国家有关规定办理。

复垦的土地应当优先用于农业。这是由我国人均耕地少、耕地后备资源不足的实际情况决定的。有条件复垦为耕地的，应当先复垦为耕地，以真正增加耕地的有效面积。复垦后的土地用于基本建设的，依照国家有关法律、政策规定给予优惠。国家鼓励生产建设单位优先使用复垦后的土地。

二、土地资源的保护管理

我国虽然土地面积广阔，但是世界上人均土地资源最少的国家之一。土地资源面积是有限的，因此必须珍惜每一寸土地，充分挖掘土地资源的生产潜力。在生产功能之外，土地资源还具有环境生态功能，因此在开发利用过程中，必须注意保护土地，避免掠夺性的经营造成对土地资源的破坏。

（一）耕地资源保护

耕地资源的数量和质量乃是土地资源的精华，是决定人类能否生存和发展的基础。耕地面积减少和质量下降是粮食生产的直接障碍。因此，积极保护耕地资源具有重要的意义。耕地资源的保护涉及许多方面，应从多方面采取措施，主要包括：

1. 培养保护耕地的意识

广泛利用各种媒体、途径进行全方位的宣传、教育，使全民族认识到我国耕地不断减少、粮食危机增大的严峻形势，牢固树立保护耕地就是保护全民族生存、发展的生命线的正确思想，使全社会自觉贯彻落实"十分珍惜和合理利用每一寸土地，切实保护耕地"的基本国策。

2. 保护基本农田

基本农田是保证对农产品的基本需求而必须确保的农田，其数量反映一个国家或地区在一定时期内耕地的临界状况，低于这个临界点，预定的食物总产量就不能实现，人民基本生活水平就要下降，国民经济就无法协调发展。基本农田保护对象主要依据农产品的供需状况以及各类农产品对社会所起的作用而定，主要是保护耕地或优质农耕地。

3. 利用经济手段保护耕地

（1）综合运用价格、税收、金融等手段，提高土地宏观配置的效率，建立适应市场运行要求的宏观调控体系，为耕地资源的保护创造良好的大环境。

（2）根据农用土地的区位条件和质量等级确定不同的价格，改变农用地无价格、随意被占用的状况。为此，要尽早开展农用地的分等定级和估价工作，使农用地价格的确定有据可依。同时，相应措施也应跟上，如在农用地全面清查的基础上进行土地登记、统计和发放土地证等。

利用经济手段适当提高农用地特别是耕地的价格，这样，用地者就可能因难以承担地价款而少占或不占用农耕地，从而有利于对农耕地的保护。

4. 开展耕地质量保护工作

目前，土地质量问题尚未引起充分关注，反映在有关法规、条例中缺少耕地质量保护的专门条款，尚未建立耕地质量统计分析体系，更缺少监测和预警方面的工作。为了全面实施耕地保护，必须逐步开展耕地质量保护工作，在耕地统计分析体系中增加有关耕地质量的项目，并应建立全国的耕地质量监测网络，掌握全国耕地质量保护的动态，用其指导全国的耕地质量保护工作。

5. 以草补农，弥补耕地资源不足

随着人民生活水平的提高，对植物性食品的消耗量逐渐减少，对高蛋白动物性食品的需求量日益增加。在目前以耗粮型为主的畜禽畜牧业情况下，增加动物性食品就意味着加大对粮食的需求。显然，单靠现有的耕地来满足日益庞大的粮食需求是相当困难的。

世界各国大都把发展草业作为一项合理利用土地资源的战略性措施，将绿草誉为"绿色黄金"，并把它视为世界食物三大来源之一。我国有可用于放牧的天然草地40多亿亩，占国土面积的1/3以上，合理利用这些草地可极大地减轻耕地压力，从而达到以草补农的目的。

（1）利用草地发展草食家畜，可减轻粮食生产的压力，因为牧草可充分利用光温能量代替粮食转化为动物性食品，减少粮食消耗。

（2）发展草食家畜、改变人们的膳食结构，可以降低目前的口粮消耗量。

（二）草地资源的保护管理

1. 确定草地载畜量

草地载畜量是指一定时间内单位面积草地上能够饲养的家畜数量。对于草地资源而言，载畜量意味着草地可以承受的放牧强度的高低和放牧压力的大小，它直接影响到草地资源的再生能力。当载畜量过高时，放牧强度过大，采食过于频繁，牧草的光合组织损失就会增加，再生能力受阻，严重时将导致牧草衰亡。因此，科学确定草地

注：1亩≈666.67平方米。

的适宜载畜量，是合理利用草地资源的重要环节。

适宜载畜量实质上是一个生态学范畴指标。生产者在决策载畜量的高低和饲养家畜的数量时，一定要将生态效益和经济效益统一起来。要按照不同草地类型及所经营的家畜品种、特征、结构，找出生态效益和经济效益两者的最佳结合点。在生产实践中，还必须考虑草地生产力在不同年际、不同季节间的动态变异，在干旱、灾害年份及冷季要及时调整、压缩载畜量，果断而及时地处理过多的牲畜，这样既减少了对草地的压力，达到保护草地资源的目的，又可避免经济损失。

2. 确定草地资源利用率

根据不同草地类型、不同植物类别、不同生物的特性及其营养动态规律，确定经营范围内各草地类型的利用率和放牧时间。从我国牧区的实际情况出发，利用率一般可控制在 55%～60%。在草地资源已经退化或坡度较大及干旱地区，草地的利用率还应低一些。在早春牧草返青后半个月内，晚秋牧草枯黄前一个月，其利用率应更低些，而且放牧时间切忌过早进入，要绝对避免在这两个敏感期超载过牧，以利于对草地资源的保护。

3. 实行划区轮牧

划区轮牧的区数不宜过多，一般以 3～8 个区为宜。各区条件应基本一致，面积力求相近。在放牧制度上可借鉴当前世界先进国家利用天然草地放牧的成功经验，但主要应结合本地区的实际情况。根据我国的国情，轮牧方式可以分别采取延迟放牧、休闲以及早春的短期放牧和秋季减少放牧压力的抓膘放牧等。畜群在各区间的转移时间可按草群利用率灵活掌握。

此外，还可实行营地内的分段轮牧方式。在实行这种轮牧方式时，必须选择并配置好季节营地。要按照地形地势、草地类型、水源、生产生活设施及载畜量的大小、草地的潜力等状况，因地、因畜、因草制宜地将草地划分为四季、三季和两季营地。在配置各季营地的过程中，要调整并解决好普遍存在的冷季和暖季营地比例问题。我国大多数牧区暖季营地面积偏大、冷季营地面积偏小，而我国草地区域的牲畜超载过牧主要集中在冷季营地。在调整、配置好季节营地后，应进一步将营地划分为若干个片，并依次轮牧。例如，冬春营地可划分为晚秋、冬季和春季三个片，依次轮牧，每三年轮换一次。对于夏秋营地，也可根据其产草量、载畜量及牧草再生能力、水源条件等实行分片轮牧。

4. 发展季节畜牧业

每年入冬以前，在牲畜掉膘和大量死亡之时，除留足适龄母畜、后备畜、种大畜和役用畜外，应尽可能地趁畜肥将其出售。这样能最大限度地降低冬春牲畜掉膘或死亡损失，提高出栏率和商品率，增加牧民收入，同时缓解我国冷季草地普遍存在的超载过牧的压力，从而有利于保护草地资源。

（三）林地资源的保护管理

鉴于当前我国林地资源开发利用现状及存在的问题，在保护林地资源方面主要应采取以下措施。

1. 保护现有森林资源

森林资源是发展林业的物质基础，因此应采取"抑制消耗，加速培育森林资源"的方针，在"开源"和"节流"两方面下功夫。为了实现这一方针，必须保护好现有的森林资源。而为了有效地保护现有的森林资源，必须强化"三防"措施的力度；所谓"三防"，是指森林防火、防治病虫害和制止乱砍滥伐森林资源及乱捕滥猎野生动物。

2. 实行森林限额采伐制度

我国是一个少林国家，年消耗量超过年生长量的森林"赤字"现象长期以来加剧了我国森林资源减少的趋势。因此，必须吸取世界先进林业国家的经验，实行森林年采伐限额制度，这是消除我国森林资源长期"赤字"现象，促进林业发展良性循环，保障森林资源环境效益和社会效益的一项十分重要的措施。

森林年采伐限额，是指国家根据用材林的消耗量低于生长量的原则，为严格控制森林年采伐量所确定的最高年采伐限量。森林年采伐限额的具体方针和做法相关法律已有明确规定。凡超限额下达采伐计划、超限额发放采伐许可证、超限额批准采伐和进行采伐的，均属违法行为，对直接责任人员应给予行政处分，情节严重、致使森林遭受严重破坏的应追究当事人的刑事责任。

3. 强化木材流通管理

木材流通，是指木材及其制品在一定的交换关系作用下，由生产领域转移到消费领域的一种经济活动。加强木材流通管理是保护林地资源的又一重要环节。

木材流通管理主要通过行政管理、法律、法规及政策等手段去实施。要对木材流通过程的各个主要环节进行严格管理和监督，将其纳入法治轨道。只有这样才能真正起到有效保护林地资源的作用。

4. 健全森林资源监测体系

林地资源监测，是宏观控制林地资源动态、预测资源发展，以及为科学决策提供依据的一种手段，也是监测检验林地经营利用方针政策实施效果的重要途径。经过多年的努力，我国国家级森林资源监测体系已基本建成，地方森林资源监测体系也已起步。各地广泛开展了林业规划设计调查，为林业规划设计和编制森林经营方案提供了基础资料。此外，一些地区还建立了森林资源档案制度。今后，应进一步健全森林资源监测体系，并力争在较短时间内建立森林资源监测网络，提高监测的自动化水平。

三、土地生态的治理保护

（一）土地生态治理保护的原则

土地生态保护包括两个方面：一是对土地利用限制因素的改造治理。大多数未经加工改造的土地在不同程度上存在着一些不利因素，如丘陵、山地区域土地的坡度限制、土壤限制等，因此，在开发利用土地资源时，必须采取相应措施对这些限制因素进行改造。二是对已遭受破坏而不能利用的土地的治理和改造。由于受自然灾害如暴雨、洪涝、干旱等的严重影响，以及人们对土地进行滥垦、滥伐以及陡坡开荒等不合理利用，土地遭受严重破坏，土地质量严重退化，生产力急剧下降，有的甚至不能再利用，因此，必须对其进行治理和改造，以继续为人类所利用。土地生态保护应遵循的原则主要包括以下内容。

1. 全面规划，综合治理

土地生态保护涉及自然科学、工程技术和社会科学等多个学科与领域，因此，土地生态保护必须在尊重自然规律和经济规律的前提下，全面规划，统筹安排，综合治理。在治理时，必须将自然区域与行政区域有机地结合起来，进行区域的分区划片，实行分区治理，做到上下游统筹兼顾、区域间协调安排、山水林田统一规划。在措施上，必须包括工程措施、生物措施、农业措施、化学措施和管理措施等一系列措施；但综合治理并不是指将这些措施机械地拼凑在一起，而是指按土地的生态要求进行综合平衡，科学、合理地进行平面、空间和时间序列上的统筹与配置，以使土地生态保护取得最佳的生态经济效益。

2. 综合措施与主导措施相结合

土地的性质是多种因素综合作用的结果，因而必须进行全面分析，并相应采取一系列综合措施进行综合治理。但在众多因素中常存在一个或几个主导因素，制约着土地特性的发展和演变。因此，在全面分析的同时必须抓住主导因素，采取相应措施进行重点治理。

总之，在进行土地生态保护时，必须坚持综合分析与主导因素相结合、综合措施与主导措施相结合、综合治理与重点治理相结合。

3. 因地制宜地确定治理保护措施

土地生态保护是在特定的土地开发利用区域内进行的，它具有较强的地域性。不同的治理区域有着不同的土地生态保护类型，如黄土高原的水土流失地，南方红、黄壤区域的低产土地，西北干旱地区的风沙地，平原和滨海地区的盐碱地，江河之滨低洼地区的沼泽地等。此外，不同区域的社会经济条件、生产技术条件、开发历史、土地利用方式等也不尽相同。因此，必须根据土地的特性、危害规律以及社会、经济、技术条件因地制宜地确定治理方案和制定治理措施。

4.改造生态环境，保持生态平衡

人类对土地的开发、保护和管理的过程，就是使土地生态系统不断完善和实现动态平衡的过程，治理土地就是人为地促进土地生态系统的良性循环。土地生态具有较强的可塑性和可变性，可按人们的需要加以控制，其变动范围和限度是通过土地生态保护来实现的。因此，在制订治理方案时，必须把治理区域的土地作为生态系统整体来对待，统一考虑治理措施的经济效益以及对自然环境产生的生态效益。总之，在进行土地生态保护时必须将改善生态环境、保持生态平衡作为重要目标。

（二）水土流失土地的治理保护

水土流失是指地表土壤中的水分和土壤同时流失的现象，凡发生这种水土流失现象的土地称为水土流失地。根据水土流失的性质、外部形态及破坏程度，水土流失可分为两类：一是自然侵蚀，它是指在有一定坡度的土地上，由风力、水力、重力等自然因素引起的地表侵蚀现象，这种过程比较缓慢；二是由人类不合理的经济活动（如不合理的土地利用、滥伐森林、过度放牧、陡坡开垦等）所引起的地表水土流失，其显著特点是流失过程快，往往在一年甚至几个月内就会产生相当于自然侵蚀几百年或几千年的流失量。"在现代侵蚀过程中，人为因素引起的土壤侵蚀已居主导地位。"[①]

水土流失大致分为水力侵蚀、风力侵蚀、重力侵蚀、泥石流侵蚀和冻融侵蚀等类型，并由于各地的自然条件和人类经济活动的不同，形成了不同类型的水土流失地。我国有以下三大水土流失类型区。

第一，以风力侵蚀为主的类型区，主要分布于新疆，甘肃的河西走廊，青海的柴达木盆地，宁夏、陕西、内蒙古、吉林西部等气候干旱、雨量稀少的沙漠地区。

第二，以冻融为主的类型区，主要分布于青藏高原和新疆、甘肃、四川、云南等省的高山、高原地区。

第三，以水力侵蚀为主的类型区。全国水力侵蚀严重的土地面积约达 150 万 km^2，大致分布在大兴安岭—阴山—贺兰山—青藏高原东缘以东的广大地区，包括黄土高原、东北低山丘陵和北方山地丘陵、南方山地丘陵、四川盆地及其周围山地丘陵及云贵高原，其中黄土高原是我国水土流失最严重的地区。

水土流失造成土壤肥力下降、生态环境恶化、水旱等自然灾害，水利设施淤积、

---

① 王先锋.浅析水土流失治理对水资源可持续利用的影响 [J].治淮，2024(4): 71.

江河淤积等多种危害。这不仅严重影响农业生产，也给厂矿建设、交通运输、城镇安全和环境保护等带来严重影响。其治理应采取以下三个方面的措施。

1. 水土保持的工程措施

水土保持的重点对象是坡和沟，坡是水土流失的起源，沟是水土流失的结果，治坡是治沟的前提，治沟是治坡的必要条件，二者互为因果。因此，水土流失的治理工程必须包括治坡工程和治沟工程，此外，还应有与此紧密联系的小型水利工程与之配合。

（1）治坡工程是指在坡面上沿等高线开沟筑埂，修成不同形式的台阶，用以截短坡长、减缓坡陡，从而起到蓄水保土的作用。实际上，就是指修建不同形式、规模的梯田。按断面形式的不同，梯田可分为三类：①水平梯田，即在坡面上沿等高线采取半挖半填的方法，把坡面修成一定宽度的若干水平梯田；②坡式梯田，即在坡面上每隔一定距离沿等高线开沟筑埂，把坡面分割成若干等高带状的坡段，因开沟筑埂仅部分改变了小地形，而其他坡面原状未变，故称坡式梯田；③隔坡梯田，即在两个水平台阶之间隔着一个保持坡面原状的坡式梯田，这是水平梯田和坡式梯田相结合的一种形式。

（2）治沟工程是针对沟蚀而采取的工程措施，沟蚀是面蚀的发展和继续。治沟工程实际上就是在侵蚀沟中筑坝，按其作用可分为四类：①谷坊，即横筑于侵蚀沟中的挡水建筑物——小土坝，它可减缓沟床坡降，拦截径流和泥沙，阻止沟底下切和沟谷的发展，并可抬离沟床，制止沟岸发展；②小水库，一般由土坝、溢洪道、泄水洞三部分组成，它能拦蓄洪水和泥沙，保护沟床并可发展灌溉，是水土流失地区治沟工程中不可缺少的重要工程措施；③淤地坝，一般是按沟道梯级开发的原则在沟底建筑的土坝，淤地坝能制止沟底侵蚀，巩固和稳定两侧沟坡，拦截泥沙，从而变荒沟为良田；④小型水利工程，指既能拦蓄地表径流、减缓流速、保护农田，又有利于变害为利，并与水土保持紧密结合的工程，除小型水库外，还包括涝池、水窖、转山沟等工程。

2. 水土保持的林草措施

造林种草，增加地面植被覆盖以拦截地表径流，保护坡面土壤不受冲刷，并改变不良的小气候，是水土保持的重要措施。

（1）营造水土保持林。可减缓和控制水土流失灾害，保护生态环境，从而改善农业生产条件。水土保持林包括防风固沙林、坡面防护林、坡顶防护林、沟底防护林等不同类型。其中，防风固沙林主要用于风沙地区，而其余几类防护林则主要用于丘陵、山地区域。例如，在黄土高原地区，梁、峁顶部的防护林可减缓黄土梁、峁顶部一带的风害和霜冻，并蓄水积雪，控制径流的起点；梁、峁坡上的坡地防护林可起到很好的护坡作用；沟底防护林则可减缓沟底径流汇集造成的严重冲刷和下切。

在营造水土保持林时应注意：①树种组成上应采用适应性强、繁殖容易、蓄水保土作用大的速生树种，并构成乔灌混交的复层林；②配置方式上应以"因地制宜、因害设防"为原则，按各地的具体条件和要求进行合理布局，一般除荒山、荒地可按规划进行全面造林外，均要求以最小的占地面积、发挥最大的防护效益；③结构类型上应以条带状或片块状的紧密结构类型为主。

（2）种草保持水土。在地广人稀、广种薄收的地区，应根据不同目的，适当发展草地。在撂荒地上种草，逐步将撂荒的习惯改为草田轮作，既可减少水土流失，又能提高农业产量。在陡坡退耕地上，除一部分用于造林外，其余部分应种草护坡，以促进农牧业的发展。在荒草坡应进行人工种草，也可采取封坡封沟育草、划区分段轮封轮牧的方式，以提高草场载畜量，并加速恢复植被，保持水土。在现有耕地上，可将原来的一般轮作制改为草田轮作制或草田带状间作，既能增加地表植被、减轻水土流失、改良土壤、提高作物产量，又能增加烧柴和饲草。

在种草时应按不同目的选择适宜的品种，以提高水土保持效果。用作水土保持草的品种必须具有以下特点：①地面部分能长成丛密的草皮，且生长迅速，能在短期内覆盖地面；②根系发达，根须强大；③繁殖能力强、产种多，种子落地能良好生长，根及枝叶易于发育，且为多年生草类。

3. 水土保持的耕作措施

耕作措施是指在坡耕地上改变耕作和栽培方式。这种措施可以改变小地形，增加地表粗糙度，从而起到保持水土的作用，有的还可以增加地面的覆盖度，减少土壤冲刷，并改良土壤。

一般采取的耕作措施主要有：①等高耕作，即沿等高线进行耕作，以减少土壤冲刷；②沟垄种植，即在坡面上修建一道道沿等高线的沟和垄，每一道沟垄种一行作物，暴雨后的地表径流大部分被拦在沟内，可减少对土壤的冲刷，起到保水、保土、保肥的作用；③水平犁沟，即结合复耕翻地，在坡面上每隔5~10 m翻耕一次，从而形成一条沿等高线的水平犁沟；④草田轮作，即进行作物和草轮流种植，这是坡耕地保持水土、改良土壤，提高产量，解决肥料、饲料、燃料困难的一项有效措施；⑤草田带状间作，即在10°~20°坡耕地上，每隔1~20 m沿等高线种植一条宽1~2 m的草带，把地面分割成几个坡段，从而起到截短坡长、减轻冲刷以及缓流落淤的作用；⑥作物带状间作，即用高粱、玉米、马铃薯等疏生作物和谷子、小麦等密生作物呈水平带状相间种植，以减缓地表径流，减轻水土流失；⑦宽行密植，即采取两垄并一垄的密植方法，由于加深了耕作层，水肥比较集中，既提高了抗旱能力，又利于透风透光及缓流落淤和保持水土。

（三）沙漠化土地的治理保护

由于沙漠化是一个复杂的、多控制变量的土地退化过程，故其成因各不相同，主要类型有：①过度农垦引起的沙漠化；②过度放牧引起的沙漠化；③樵柴破坏天然植被引起的沙漠化；④水资源利用不当引起的沙漠化。

沙漠化土地的治理，应贯彻因地制宜、因害设防、除害与兴利结合的原则。在具体进行治理时，也应采用生物措施与工程措施相结合、造林种草与保护天然植被及农林牧相结合等综合措施。

1. 防治沙化的生物措施

生物措施包括植树造林和封沙育草两个方面，具体分析如下。

（1）植树造林。沙漠化土地的植树造林有两种，即农田防护林和防风固沙林。营造农田防护林必须根据当地的自然条件，因地制宜地确定林带的配套、林带结构及树种选择等；防风固沙林可以防止风蚀，固定流沙，保护农田和牧场，并能改变小气候，改良土壤，变沙荒地为农牧业生产基地，这是治理沙漠化土地的重要措施。

营造防风固沙林必须坚持的原则包括：①先易后难，由近及远，逐步扩大；②先固定与半固定沙地，后流动与半流动沙地；③先沙湾后沙丘。此外，必须正确选择适宜树种，这是造林成活的重要条件。林种选择必须是适宜性强、抗风蚀、耐旱耐瘠薄、沙埋、沙压后能较快长出不定根，生长迅速，繁育容易的树种。不同的沙地应采用不同的造林方法，例如，在固定、半固定沙丘地，可采用条带状造林法和斑块状造林法；在流动、半流动沙丘地，可采用前挡后拉造林法。

（2）封沙育草，是指把沙荒地暂时封禁起来，严禁在封育区内放畜、采薪、打草，以恢复天然植被，增加地面覆盖率，从而起到封沙育草的作用。此法简便易行，现已广泛应用。由于各地条件不同，封沙育草形式也可多样。例如，甘肃红柳园的退耕地，地下水位约 2 m，在封禁后既种草又植树，并利用余水灌溉，使沙篱等植物旺盛生长，形成一条草地、沙障、草灌丛和林带组成的绿色地带，充分发挥了防风固沙的作用，为农田的高产稳产创造了条件。

2. 防治沙化的工程措施

工程措施是指利用水利防治风沙危害的措施，主要有引水拉沙、引洪淤灌和引水阻沙三种方法，具体分析如下。

（1）引水拉沙。引水拉沙是指利用水的冲击和夹带作用，逐步把沙丘拉平进而改造成良田。实行引水拉沙应注意：①引水拉沙必须有充足的水源，并且能够严格控制流速和流量；②拉沙时若无机械扬水条件，则要求地形有一定的比降，一般不小于 1/500～1/200；③拉沙前必须根据地形修好引水渠，修渠时要尽量少挖少填并使渠道不冲不淤；④引水拉沙虽可将沙丘拉平，但会残留一些沙堆、洼槽或临时土埂等，故必须采取平整措施。

（2）引洪淤灌。在平整土地基础上进行引洪淤灌，再经过翻耕、种植、放淤以及植物根系的作用，可使沙粒与淤泥混匀，保水保肥能力随之提高，从而逐渐形成良田。由于洪水中富含细土粒、牲畜粪便和植物残体等，故引洪淤灌可有效地增加土壤中养分的含量，提高土壤肥力，促进植被生长。

（3）引水阻沙。引水阻沙是指在流动风沙地的背风面开渠引水，使沙粒落入渠中而被冲走，或是在绿洲边缘用水灌沙，以防止流沙前移，这也是防治风沙危害的有效措施。

3.防治沙化的农业技术措施

农业技术措施包括作物配置、耕作、播种和改土培肥四个方面，具体分析如下。

（1）作物配置。作物配置措施是指根据风沙危害的程度以及作物抗风沙能力的强弱，恰当地配置作物，以减轻风沙的危害。风沙危害较大的地区，应配置抗风蚀能力较强的作物，如麦类、糜子等；风沙危害一般的地区，可配置马铃薯、玉米、谷子等作物；风沙危害较小的地区，可配置抗风蚀能力较差的瓜菜、棉花、胡麻、豆类等作物。

（2）耕作。在有条件进行春灌的耕区和新垦荒地上，通过深耕可将下层土壤翻到地表与沙掺混，同时，耕翻犁沟和垄垄可增加地面粗糙度，从而极大地减轻土壤风蚀。

（3）播种。播种措施主要是指合理调整作物播种时间，使幼苗避开风季。由于农作物苗期比较脆弱，惧怕风沙，故在有风沙危害的农田中应种植迟播作物，而在风沙危害不严重的农田，应提早播种麦类作物。另外，在风沙地上由于保苗比较困难，应适当增加播种深度，以防止损失种子或幼苗，并使幼苗形成适当的密度。

（4）改土培肥。改土培肥措施主要包括翻土压沙、增施有机肥料和种植绿肥，这有利于增加土壤黏粒和有机质含量，改善土壤理化性质，提高土壤肥力。

（四）土地污染的防治保护

土地污染一般是指由于现代化的工农业生产活动，大量废气、废水、废渣（简称"三废"）和农药化肥直接或间接进入土壤，其中某些有毒物质逐渐累积而引起土地质量下降的现象。按有害物质的来源，土地污染可分为工业污染、化肥污染、农药污染和生物污染四类。

工业污染是指由于工矿、交通企业的"三废"引起的土地污染；化肥污染是指由于某些粗制磷肥和磷矿粉含有多量的氟和少量的砷、镉等有毒物质而导致土壤污染；农药污染是指在防止病虫害和消灭杂草时将农药施入土壤中，以及对农作物喷洒药剂时药剂进入土壤中所引起的污染；生物污染是指使用含有各种病原菌的人畜粪便以及含有病菌和虫卵的生活污水和被污染的河水作为肥料与水源，从而使土地发生污染。土地污染的结果是直接抑制作物生长，导致产品质量恶化，并危害人类健康。

综合防治土地污染包括两个方面：一是必须控制和消除污染源；二是对已经污染的土地采取措施，以消除土壤中的污染物或控制土壤中污染物的迁移转化，并防止其进入食物链。

1. 控制和消除污染源

（1）控制工业"三废"排放，大力推广闭路循环、无毒工艺，以减少和消除污染物。对"三废"要加强回收处理，化害为利。对于必须排放的"三废"要进行净化处理，控制污染物排放的数量和浓度，使之符合国家规定的排放标准。

（2）加强对污染区的监测和管理，及时了解污染物的成分、含量及动态，控制污水排放量，避免滥用污水灌溉而污染土地。

（3）控制化学农药的使用，对残留量高、毒性大的农药应控制使用的范围、数量和次数，同时，要大力试制和发展高效、低毒、低残留的农药品种，探索和推广生物防治作物病虫害的途径。

（4）合理施用化学肥料，严格控制含有毒物质的化学肥料品种的施用范围和施用量，尤其对于硝酸盐和磷酸盐类化肥，要经济、合理地施用，以免过量施用造成土地污染。

2. 已污染土地的治理

（1）生物防治。土壤污染物可通过生物降解或吸收而得到净化，例如，从土壤中分离出某些菌种，并抽出酶复合体能降解除草剂；用金小蜂治红铃虫；马蜂除棉虫；养鸭除水稻病虫害等，都是行之有效的生物防治措施。

（2）施加抑制剂。在轻度污染的土地上施加某些抑制剂，可促进某些有毒物质迁移、淋洗或转化为难溶物质而减少被作物吸收。例如，施用石灰可提高土壤 pH，使铅、铜、锌、汞等形成氢氧化物沉淀。施用碱性磷酸盐可与土壤中的汞作用生成磷酸汞，其溶解度比碳酸汞、氢氧化汞更小。

（3）增施有机肥，提高土壤有机胶体含量。这有利于改良沙性土壤，促进土壤对有毒物质的吸收，增加土壤容量，提高土壤自净能力。

（4）改进耕作措施。这有利于改良土壤，抑制土壤对重金属的吸收，减轻其危害。污染不严重的土壤可采用深耕法使上、下层土壤混合，降低耕层土壤中污染物的含量，也可以采用深翻换土层的办法，使上层污染土壤埋入深层。对污染严重的土壤，可采用客土替换的办法，但对换出来的污染土壤必须妥善处理，以防止次生污染。

第二节　土壤环境综合管理实践

一、土壤环境管理对象和目标

（一）土壤环境管理对象

新型工业化、信息化、城市化和农业现代化的发展在现代的经济体系中不断取得耀眼的进步，与此同时，国家所面临的土壤问题日渐严峻，给我国的食品安全、生态安全以及人民的健康生活都带来了不利的影响，同时对我国社会经济的可持续发展和生态文明建设产生了阻碍因素。

土壤环境管理的对象是土壤及其相关环境。土壤环境管理是指通过监测、评估和控制土壤中的污染物以及其他环境因素，保护和提高土壤的质量与生态功能，维护可持续发展的环境。土壤环境管理涵盖土壤质量监测、土壤污染治理、土地利用规划、农药使用管理、土壤养分管理等方面，旨在确保土壤的可持续利用和生态健康。

就目前而言，全球社会十分关注土壤安全问题，希望能够通过改善土壤生态系统的功能，以更好地应对气候变化和未来的需求，同时，满足人类对粮食、燃料以及纤维的生产需求。因此，国际社会致力于可持续地管理土壤资源，以切实解决与土壤相关的重要问题。

基于"双碳"的重要发展要求，必须全面提升土壤环境管理的质量和效率。具体来看，相关工作人员应当深刻认识到土壤环境管理的重要性，对土壤管理现状进行仔细分析，并采取切实可行的土壤环境管理措施。目前，土壤环境领域最紧迫的任务是降低碳排放量，提升碳汇，出色地执行土壤环境管理工作，以使土壤的固碳功能得到进一步提高。从现实角度来看，土壤环境管理工作不仅是生态文明建设的重要组成部分，同时是我国保护土地资源的重要手段。

可持续、有效和安全地利用土壤资源已经是全球性的共识。土壤是最基础的科技领域。保障粮食、纤维制品和淡水资源的供应，以及维护陆地生物多样性，都必须建立在土壤安全的基础上。因此，倘若土壤安全无法得到保障，那么土壤作为地球系统中含有碳、氮、磷、硫等元素的生命循环库的潜力就会遭到破坏，从而无法提供可再生能源所必需的关键物质。

土壤的可持续发展可以分为两个主题：第一个主题是土地资源管理，属于土地利用管理的范围，指的是根据土地空间利用管理体系的框架协调经济、社会以及生态的效益。在不减少或减少一部分土壤资源的基础上，保障土地资源的可持续发展。第二个主题是土壤环境管理，指的是预防和管理土壤污染以及对各类土地的土壤环境质量进行管理。土壤生态所关注的就是土壤生物多样性和土壤生态系统功能问题。

（二）土壤环境管理目标

保证土壤的安全是土壤环境管理的主要任务。土壤安全是一种以社会可持续发展目标为前提的土壤系统意识。在环境可持续发展的系统中，土壤在粮食安全、水资源安全、能源可持续性等方面产生了重要的影响，并且有着无法取代的作用。通常情况下，土壤安全具有自然属性（包括土壤中物理、化学和生物过程的变化），还有一部分与政治经济有关的社会属性。

对于我国的土壤环境管理问题，需要依据我国现阶段的国情以及发展的阶段，关注经济社会的全面发展，将土壤环境质量的提高作为中心问题，以农产品质量和居民居住区的安全为重点，坚持风险管控、预防为主、保护至上，对重点区域、行业和污染物进行处理，严格控制新污染源，防止土壤污染，组成由政府主导、企业负责、公众参与和社会监督的控制系统。

二、土壤环境管理的主要制度

（一）土地使用准入和退出环境管理制度

1. 场地调查评估制度

针对那些已经被国家收回的土地，由所在城市或县级政府派遣相关的责任人进行调查和评估，将污染严重的农田转为城市建设工地的，由当地城市或县级人民政府进行调查评估；而针对那些准备收回的企业用地，例如，有色金属冶炼、石油加工、化学工厂、电镀、制革等行业的占地，以及用于居住、商业、学校和医疗等用途的占地，土地使用权的责任人必须对土壤环境进行调查和评估。

以上进行调查评估的责任主体，禁止将土地流转；如果受污染的场地尚未进行翻新和修复，明令禁止其他项目的建设以及任何与恢复有关的事项。

2. 土壤规划与建设项目事前管理制度

在进行预防土壤污染的设施建设的时候，应与其主体工程同时进行设计和施工。将未利用的土地开发为农业用地时，相关县（市、区）人民政府必须组织对土壤环境状况进行评估，如果不符合相关标准，将无法种植食用农产品。

在进行建设项目的环境影响评价时，应当加强对主要污染物排放情况的评估，并且需要详细规划防止土壤污染的策略，以保护土壤环境的生态安全。需要更加注重规划区和建设项目布局的合理性，根据土壤等自然条件的限制，确保区域的功能定位和空间布局是符合承载力的，不能在学校或居住区等场所建造与有色金属冶炼、焦化等相关行业有关的基础设施，应当严格遵守相关的产业和企业布局要求。

（二）受污染土地的土壤环境管理制度

根据国家技术标准，超出相关土壤环境标准的可疑污染区域称为污染地块，也就是受污染的土地范围。除常规性的调查和评估外，受污染地区的土壤环境管理包括以下几个方面。

第一，对受污染的土地进行处理和恢复。即可以使用物理、化学和生物方法将体系中的污染物进行处理，这些方法可以将污染物转移、吸收、分解和转化，以使其浓度降到可接受的范围内。此外，还可以将有毒和有害污染物转化为无害、温和的物质。通常情况下，这些方法主要涵盖物理修复、化学修复及生物净化等。

第二，污染土地的相关风险管理和控制。按照土壤环境的调查和风险评估结果，为需要风险管理和控制措施的受污染地区制订风险管理和控制计划，并实施目标风险管理和控制途径。一旦发现污染扩散，需要立即采取有效的纠正措施，如对土地、水源、大气等进行环境监测，并及时清除或净化污染物。同时，还要实施污染隔离和控制措施，以避免污染范围进一步扩大。

除此之外，我国非常注重污染土地的责任分担，包括土地使用权者、土壤污染责任人专门机构和第三方机构的责任。第一是土地使用者的责任。这类集体应该对可疑受污染土地的土壤环境进行初步的调查，对受污染土地的土壤环境进行详细的调查，进行风险的评估、管理以及控制，或对其影响进行处理和恢复以及评估，并对上述活动的结果承担相应的责任。第二是土壤污染责任人专门机构的责任。根据"污染、治理一体化"的原则，造成土壤污染的单位或个人负有控制和恢复的主要责任。当责任实体变更时，变更后继承债权或债务的单位或个人应承担相关的责任。责任人消失或者责任人不清楚的，由县级人民政府依法负责。在依法转让土地使用权的情况下，土地使用权的受让方或双方约定的责任人将对此负责。如果土地使用权被终止，则原始土地使用者应对使用土地期间发生的土壤污染负责。第三是第三方机构的责任。在具体的实践过程中，无论是委托进行可疑和受污染场地有关活动的专门机构，还是委托进行治理和恢复有效性评估的第三方机构，都必须严格遵守国家和地方的相关环境标准以及技术规范，同时，就有关活动进行调查报告，负责评估报告的可靠性、准确性和完整性。

三、土壤环境监测质量管理

（一）土壤环境监测质量管理的要点

1. 建设国家环境监测网质量体系

针对国家环境监测网环境监测任务，为进一步规范环境监测行为，中国环境监测总站以全面、科学、合理、可行、可拓展以及全过程、全要素质量管理的理念为出发点，针对性地提出国家环境监测网质量体系，其中包括 13 个要素，分别是监测机构、人员、监测设施和环境、监测仪器设备、质量体系、监测活动、内部质量管理、文件控制、记录、档案、质量管理报告、信息备案和报告、外部质量监督。国家环境监测网发布的质量体系文件之《质量手册》对监测任务和监测机构提出全面、系统、具体的质量管理要求，特别明确了监测机构自我完善的自律性要求、内部质量管理的计划性和总结评价规定、监测记录、档案管理和备案制度，等等。

2. 强化监测过程控制

有效控制监测活动的实施过程是保证数据质量的关键。以监测技术和质量控制技术为基础，确定技术要点和控制环节，采取多渠道、多措施、多手段、多方式的管理模式建立科学、合理、可行、有效、系统的质量管理和监督机制，有效控制整个监测过程中的关键节点，保证监测质量。按照质量体系要求，加强监测机构自律；监测机构需要严格内部质量控制，并加强内部和外部质量监督；进行数据质量总结，编写质量管理报告提交给中国环境监测总站；完成监测任务产生的技术资料、档案资料一并提交中国环境监测总站。

3. 健全质量总结制度

监测任务完成后，中国环境监测总站要及时完成质量总结报告。根据监测机构的内部质量管理报告和附加体系文件对其质量管理体系运行情况、监测机构自律情况进行总结，特别是对于质量体系要求的全要素，详细说明各要素的实施情况，并明确指出存在的不足和缺失。对于监测机构的内部控制情况要重点突出和说明。根据多方式、多措施进行的外部质量监督结果，对监测活动全过程的执行情况、监测任务的完成情况、监测数据质量等关键信息进行总结。强调监测活动中行为的规范性，指明需要改进和规避的地方；强调监测任务执行过程中的时间节点、任务完成的及时率；对保障数据质量的质控手段重点说明加强监测机构能力建设。

4. 建立质量评价机制

根据质量监督结果，对监测任务完成情况进行质量评价。根据体系运行效率、数据效率、技术审核通过率、质控结果合格率等情况，一方面对监测机构监测任务的完成情况和数据质量进行评价，另一方面评价国家环境监测网监测任务完成情况和完成质量。质量评价体系通过对全过程、全要素的质量监督结果（监测记录正确率、操作规范程度、数据上报及时率、任务完成率等）对监测任务完成质量进行评价。有理有据地保证监测数据的可靠性、准确性、权威性，为环境管理提供科学、有力的技术支撑。

5. 建设质量评价体系

目前土壤监测现状存在监管缺失、有关制度空白、技术文件信息不完整等问题，亟须加强相关能力建设。

（1）加快土壤监测信息平台建设。土壤建设在点位布设、样品采集、样品制备等环节存在监管缺失，中国环境监测总站正在积极准备土壤监测信息平台建设。通过土壤监测信息平台，可以实现监测信息远程审核、监测现场实时监控、样品信息保密存储、监测数据智能化筛选和分析等功能，实现对土壤监测全过程的有效监督和管理，推进监测系统智能化建设。

（2）建立健全质量评价体系。目前，环境监测质量监督体系中并没有质量评价有关内容，质量评价体系一直是质量监督中的空白，建立完善的质量评价体系是保证监测数据准确可靠的重要依据。依据质量评价结果，对监测机构实施表彰、整改、处罚等行政管理手段，并对监测任务有针对性地进行调整和完善，提高监测完成质量。

（3）完善监测技术体系。监测技术是整个监测活动的重要支撑，是监测数据质量的重要基础。目前，我国监测技术相关标准比较落后，各标准之间存在不一致等现象。根据国家环境监测网的任务要求，需要对监测技术体系进行深入研究，开展方法的比对工作以及方法修订，完善监测技术体系。

（二）土壤环境监测质量管理的技术

1. 土壤环境监测各环节的质控技术

土壤环境监测工作在我国起步较晚，基础工作薄弱，专业化人员队伍缺失，部分设备缺乏规范化管理。同时，土壤环境监测质量管理工作尚处于发展阶段，还需要进一步研究完善。

土壤环境监测工作整个流程包括点位布设、样品采集、样品流转（样品运输与样品交接）、样品制备、样品分析测试。以前土壤环境质量控制主要体现在实验室分析测试质量控制，这显然已无法满足当前土壤环境质量工作的要求。新形势下土壤环境质量控制是对土壤监测全过程、全要素、多手段、多措施的质量控制。

（1）点位布设。点位布设是土壤环境监测工作的基础，点位的科学性、合理性直接影响最终土壤环境质量评价结果。点位按照环境属性可以分为风险监控点、一般基础点、背景点。目前，点位布设常采用网格布点法，布点区域范围、点位数以及监测目的的不同，导致网格大小也不一致。

点位布设一般通过两种方式完成质量审核：专家论证会审核和现场核查。专家论证会审核是指召开专家论证会，通过专家商讨、论证对布点方案进行修改和完善。现场核查是指布点人员（或了解布点原则的人员）到达点位现场，根据现场实际情况审核点位布设的科学性、合理性。点位布设使用的地图可能存在分辨率不高、更新不及时或无法真实反映现场情况等问题，因此点位现场核查是十分必要且重要的。但是因为现场核查耗时耗力，加上从事土壤专职工作人员不足、采样现场路途遥远，在实际工作中一般很难保证每个点位在采样前都能完成现场核查。点位布设方案完成后，需经专家论证会讨论通过，并在现场采样时由布点人员（或同等能力人员）对点位情况进行现场核查。

（2）样品采集。土壤样品采集是野外工作，所以以前土壤采样质控措施通常采用随机抽查、现场监督的方式。通常是由监督人员随机抽查点位、提前告知采样人员，并随采样人员一起到达采样现场，在现场对采样点位的准确性、采样过程的规范性进行核查。国土部门对样品采集的监督方式通常是组成专家组，对采样后的点位进行核实，核查采样点位的准确性。对于国家环境监测网土壤环境监测任务而言，监测点位一般较为分散，且路途较远，因此这种质控方式的效率较低，抽查点位比例较低。随着互联网技术的发展，现在可以使用采样系统对点位进行管理以及远程监控。依靠大数据的统计和管理，可以实现采样点位100%的远程监控；设置系统参数，调整采样时的校验距离，可以实现精准采样，保证采样点位在可接受、可控范围内；提交采样视频、采样时的照片等信息，并通过系统校验，保证采样过程的规范性；现场生成随机码，可以实现真正的采测分离，保证实验室分析测试的公正性和随机性；将采样信息电子化、信息化，可以减少使用纸版记录，符合信息化办公和绿色办公的趋势。因此，在大范围、大尺度的土壤环境监测工作中，建议使用采样系统对样品采集进行远程监控，同时适当结合现场监督的工作方式，以便及时发现现场可能存在的问题。

（3）样品流转（样品运输与样品交接）。样品流转一般包括样品运输和样品交接过程。目前，一般通过资料审查的方式，如检查运输记录表、样品交接记录表。但是仅使用这种方式是不够的，因为记录可能会存在与事实不符或事后补记的情况。所以建议使用新的技术，在样品运输的车辆上安装摄像头记录样品运输的情况和环境条件，同样，在样品交接阶段进行视频录制，记录样品交接过程。通过查看影像资料检查运输过程是否规范。

（4）样品制备。样品制备环节包括样品风干和样品制备两个过程。样品制备是整个土壤监测过程中的一个关键环节，如样品制备过程中未拣出的植物根系等影响有机质的测定：样品粒径会影响 PH、重金属的测定结果。在样品制备过程中样品编号很容易混淆或脱落，造成样品无法溯源。在以往的监测工作中这个环节通常被忽视，并没有明确的质控手段。建议在实际工作中使用远程监控和现场监督相结合的方式。在样品风干室、样品制备室安装网络视频监控，对环境条件进行视频录制，同时也可以通过网络进行远程监控。远程监控可以对风干时的状态、实验人员翻动样品的频率和操作、样品制备过程进行远程监督。但样品制备过程仅靠远程的监控是不够的，仍然需要监督人员在现场对制备过程进行监督，检查远程监控中无法看到的细节问题。例如，风干室、制作室是否满足规范要求、无异味；样品标签的正确性、唯一性；样品的杂质是否清除完全；样品制备记录填写是否规范等。另外，参考国土部门在样品制备过程中的质控手段，对样品制备后样品的过筛率、损耗率进行计算，并评价样品制备的效果。

（5）样品分析测试。土壤样品分析测试阶段的质量控制是相对比较成熟的方法，分为外部质量控制和内部质量控制。当前，外部质量控制主要以比对测试、能力验证等方式为主。这种方式主要考查的是被考核实验室的技术水平，无法证明实验室在做批量测试时的数据质量。

土壤监测过程中实验室内部控制主要包括空白试验、准确度控制、精密度控制。理化项目、重金属准确度控制主要使用有证标准物质，有机物测试过程中的准确度控制主要采用加标回收的方式。由于土壤类型多、基质复杂、具有不均质性，土壤分析测试具有技术难点，质量控制手段也需要充分考虑土壤特性。外部质量控制可以使用批次质控的方式，将密码平行样、有证标准物质加入样品中，对整批样品的质量进行控制。批次内质控样按照评价标准进行评价，不合格的项目需要对整批样品进行复测直至合格。

2.土壤环境监测质量监督管理体系

国家环境监测网土壤环境监测以"建规则—控过程—做总结—有评价"为土壤环境监测的质量管理总思路，立足全过程和全要素质量管理理念，构建国家环境监测网质量体系。编写、修改国家环境监测网质量体系文件之《土壤监测》，建立监测机构自律和外部质量监督相结合的管理方式，强化监测机构自我控制和自我监督作用；依靠现场检查—网络监控—信息审核的联合监督机制，采用多渠道、多措施、多手段、多方式的多元化监管模式。

在《农用地土壤污染状况详查质量保证与质量控制技术规定》中，明确国家级、省级质控实验室的职责和任务，由省级质控实验室负责对省（区、市）详查任务承担单位进行监督检查。质量监督管理工作的主要内容包括：密码平行样品和统一监控样品工作计划、质控数据核查、采样制样流转保存工作质量监督检查、监督检查任务承担单位质量管理工作。

3. 土壤环境监测质量管理评价体系

国家环境监测网土壤环境监测任务根据质量监督结果，对监测任务完成情况进行质量评价。根据体系运行效率、数据效率、技术审核通过率、质控结果合格率等情况，一方面对监测机构监测任务的完成情况和数据质量进行评价，另一方面评价整个国家环境监测网监测任务的完成情况和完成质量。

《农用地土壤污染状况详查质量保证与质量控制工作方案》要求各省（区、市）详查工作管理机构每年对本行政区域各详查任务承担单位的工作质量进行综合考核评估，对本行政区域详查质量管理工作进行总结，并在详查工作全部结束时，对本行政区域详查质量管理工作进行全面总结。

四、污染场地土壤环境修复管理

污染场地是指因人类活动使土壤或包气带所含有害物质的浓度超过环境背景值或标准规定浓度，并对人体健康或自然环境可能造成危害的场地。

污染场地土壤环境修复管理主要从以下几个方面入手。

（一）构建与完善土壤环境标准体系

第一，构建土壤环境修复标准体系。为了更有效地规范治理修复污染场地的工作，需要制定符合我国实际情况的土壤环境修复标准体系，结合我国场地污染现状和污染土壤修复技术发展水平，借鉴其他国家的土壤环境修复经验和教训，从污染物的选择、分析检测的方法、修复技术的类型、修复后土壤环境功能、对地下水的保护以及生态毒理学评价等方面予以综合分析和研究。

第二，完善土壤环境质量标准体系。为了进一步完善我国土壤环境质量标准，需要结合土壤类型和土地利用功能，根据目前我国土壤环境状况，针对现有《土壤环境质量标准》面临的标准统一、污染物过少和重金属形态单一等问题，参考发达国家制定的土壤污染物控制标准，增加标准中污染物项目，特别是针对不同土壤类型设定土壤环境质量标准值。

（二）优化污染场地土壤环境管理制度

必须确切指明责任主体、责任范围、责任转移原则、责任承担方式以及建立针对土壤环境的法律框架，以处理场地污染问题。为了更有效地促进社会积极参与污染场地土壤修复工作，需要确立污染场地土壤环境管理机构和制度。从现实情况来看，为了解决目前针对污染场地土壤环境管理方面法律法规缺少的问题，应当对包括污染场地控制的原则、识别、标准、申报、调查与监测、执行主体、污染防治技术、污染场地的处理处置、资金保证、责任追究等内容进行全面规定，加快制定与污染场地土壤环境管理相关的法律法规。

1. 建立土壤污染调查监测和信息公开制度

（1）为了更好地开展有效的土壤污染预防和推进治理工作，开展全国性的土壤污染状况调查，并综合整理调查结果，制定《污染场地环境调查技术规范》和《污染场地环境监测技术规范》。同时，建立严格的土壤污染调查和监测制度。为了尽快控制污染事故，需要及时修复污染土壤。全国污染场地需要实行在线监测，以保证及时、精准地探测土壤污染事故。

（2）为了提高公众对土壤污染防治的重要性的认识，以及及时让公众了解土壤污染的严重程度，建议制定土壤污染信息公开制度，及时向公众公开土壤污染的情况。

2. 建立土壤污染源控制和土壤修复制度

（1）为有效地预防和治理土壤污染，应当强化对工业废水、废气和废渣的处理，并加强监督管理化肥、农药等在农业生产过程中的使用。同时，还需建立土壤污染源控制制度，以可行有效的方式来控制污染源。

（2）对于已经遭受土壤污染的地区，应遵循"污染者责任原则"对受污染的土壤进行修复，建立土壤修复机制，将其恢复为可用状态。

（3）积极宣传和促进农业清洁生产理念，并引进先进的生产技术，以减少农药和化肥的使用，同时控制工业废物和城市垃圾的排放。为了减少对土壤的污染，应在农村和城市的生产中采用清洁生产技术，以确保生产过程中对土壤的污染降到最低。

（三）深入研发污染场地土壤修复技术

为了给中国污染场地土壤环境的管理和修复提供相应的技术支持与设备支撑，以及更好地支持污染场地修复环保产业实现科研成果转化为实际生产力，应当致力于研发和推广一批新型污染场地土壤风险评估和修复技术，建立符合中国国情的污染场地修复管理和技术体系，并推进污染场地修复理论和技术的研究，同时，加强相关学科的协作和国际合作，并且大力加强污染场地修复技术的开发及应用研究。

第一，重金属污染场地土壤修复技术体系。为了更好地支持修复重金属污染场地的工作，需要建立一套重金属污染修复技术体系。这一技术体系应当重点关注我国严重受到汞、铅、镉、铬、砷等重金属污染的区域和行业。因此，需要研究相关技术，例如，重金属污染预警和预报技术、重金属在线监测技术、重点防控区域的划分和风险分级技术及相关的健康损害标准补偿指标体系。与此同时，需要开展重金属污染健康影响与风险评估技术的研究，并对重点地区和典型行业的重金属污染源进行相对应的解析和分析，等等。

第二，有机物污染场地土壤修复技术体系。为了让有机物污染场地修复问题得到切实解决，需要着重研究我国目前存在的有机物污染问题，开发针对有机污染物的风险识别和监测管理技术，以及有机污染物在场地中迁移转化和修复的技术，同时，需要探索快速识别和监测场地有机污染物的新方法，从而构建一个全方位的、完整的有机物污染场地的修复技术体系。

（四）建立污染场地信息管理系统和应急管理制度

1.建立污染场地信息管理系统

为了使土壤环境管理程序更加规范和管理过程的每个环节合理稳定，应当根据相关法律法规的规定和要求，科学地设置土壤环境管理流程中的每个步骤和环节所需的各个要素。通过信息系统实施污染场地信息系统工程，最终实现污染场地土壤环境管理自动化、信息化与规范化。

在实践的过程中，需要及时披露受污染场地的信息，以及可能采取的修复方法和修复进展情况。我们将为责任方提供监测和修复场地的指南与标准，并指明可能导致场地污染的化学物质或污染源。

在我国污染场地的区域分布、时空分布、污染面积、污染类型和污染程度等的统计数据方面，应当建立共享平台和污染场地数据库，包括重金属污染场地和有毒有害有机物污染场地的数据信息。此外，应当强化土壤资源数量和质量的动态普查，以更好地把握当前土壤质量的实际状况。

2.建立污染场地应急管理制度

为了有效地减少土壤污染和相应的损害，需要建立应急机构并采取有效的预防措施，其中包括制定相关应急预案。同时，为了加强政府对公共安全的保障并增强其应对突发土壤污染事件的能力，需要设立一个持久的机制，旨在预防污染场地风险事故并应对突发状况。

不仅如此，还需要建设基础数据库、监测监控系统、预警系统以及应急处理预案系统，进而更好地完善污染场地应急管理体系。同时，需要建立跨部门、跨区域的协调合作机制，并制定污染场地应急管理制度，从而实现污染场地土壤环境管理的信息化建设，并切实提升管理水平。

（五）建设污染场地土壤管理与修复专业人才队伍

在深化污染场地土壤管理与修复的工作中，加强专门机构设施的建设与多种途径培养专业人才显得尤为重要。

针对我国污染场地治理的复杂性和专业性，建立一个统一的组织实施机构势在必行。这一机构应会聚环境评估、土壤改良、地下水治理等多领域的专业人才，确保治理修复工作能够科学、系统地展开。同时，该机构应建立健全长效运营机制，确保项目实施的连续性和稳定性，从而有效避免项目结束后资源分散、力量削弱的问题。

专业人才的培养是提升污染场地土壤管理与修复能力的关键。通过实施在岗技能提升培训，不仅可以提高现有技术人员的专业素养，还能塑造一支具备高素质、高技能的专业队伍。同时，积极利用地方技术资源，鼓励技术骨干深入实践，拓宽技术视野，增强解决问题的能力。此外，通过与高校和科研机构的合作，可以依托其环境科学或环境工程专业的学生资源，为土壤管理与修复工作培养更多后备人才。

在全球化背景下，推进专业人才与国际交流的融合也至关重要。通过选拔优秀人才进行海外学习，可以借鉴国外先进的土壤管理与修复技术和经验，为我国土壤污染防治工作注入新的活力。同时，积极引进海外高素质、高技能的专业人才，不仅能够丰富我国的人才队伍，还能促进国际技术交流和合作，共同推动全球土壤环境的改善。

第三节　土地资源可持续发展的路径

一、土地资源利用战略的思路

（一）土地资源利用战略的指导思想

土地资源利用是国民经济与社会活动的重要组成部分，关系到粮食安全、生态安全和经济安全大局，土地资源利用战略是解决全局性土地利用问题的策略。新时期土地资源利用应认真贯彻生态文明建设和新型城镇化战略部署，紧紧围绕新时期我国土地资源利用的主要矛盾和关键问题，加快推进土地利用方式转变，提高土地利用效率。切实贯彻"十分珍惜、合理利用土地和切实保护耕地的基本国策"，认真落实最严格的耕地保护制度和最严格的节约用地制度，提升土地资源对经济社会发展的保障能力，促进生态文明建设和新型城镇化发展。

（二）土地资源利用战略转变的内涵

新时期的土地资源利用战略构想，应符合国情基础，抓住主要矛盾，紧跟时代特征，体现公平理念。新时期土地资源利用战略转变必须充分认识我国的基本国情，必须深刻把握土地资源利用的主要矛盾。当前和未来相当长一段时间内，我国土地资源利用的主要矛盾是有限的土地资源供给与日益增长的土地资源需求之间的矛盾，新时期土地资源利用战略应致力于缓解这一主要矛盾；必须充分紧跟时代特征，经济社会发展转型和新常态是当前的时代特征，为近期及未来较长一段时间内土地资源利用指明了方向；必须充分体现公平理念，协调土地利用矛盾，保护不同土地利用主体的利益，促进城乡平等互惠和区域协同发展。

基于上述分析与判断，新时期我国土地资源利用战略转变的内涵可主要概括为以下三点。

第一，强化土地集约利用，将土地资源利用战略重心转移到提高土地利用效率上来。资源总量大、人均少、质量不高、分布不均是我国的资源国情。集约利用土地资源是促进可持续发展、提质增效、缓解资源供需矛盾的根本出路，是适应特殊资源国情和特定发展阶段的现实选择。节约资源是保护生态环境的根本之策，要大力节约集约利用资源，大幅降低能源、水、土地消耗强度。应当充分认识我国现阶段土地资源利用的主要矛盾，改变粗放的土地利用方式，强化土地资源集约利用，切实提高土地利用效率，这是我国当前乃至今后相当长的时期内土地资源利用战略重点。要以集约利用统领土地利用与管理工作，以资源利用方式转变促进经济发展方式转变和产业升级，为实现经济转型目标提供有力服务和支撑。

第二，深化土地市场改革，充分发挥市场在土地资源配置中的决定性作用，将市场配置作为土地集约利用的战略支点。我国土地资源配置从改革开放前单一的"无偿、无期限、无流动"的行政配置方式成功地过渡到了以"有偿、有限期、有流动"的市场配置为主、行政配置为辅的方式。随着土地市场的建立和完善，划拨用地总量逐渐缩小，市场配置用地总量逐渐处于主导地位。新时期应继续培育和发展土地市场，以服务经济建设为中心，立足现实，顺应时代潮流，逐步摒弃不适应市场经济规律的用地观念和管理制度，坚决革除不适应经济发展的体制弊端，按照经济体制改革和对外开放的要求不断完善土地市场，促进经济增长方式的转变。

第三，深刻理解耕地保护与经济发展的辩证统一性，加快推进耕地保护制度创新和内涵转变。深刻理解和把握耕地作为我国最为宝贵资源的重要理论，充分认识当前落实最严格耕地保护制度的重要性和紧迫性。适应新常态，紧紧围绕新型城镇化和生态文明战略，充分认识新时期经济发展与耕地保护的辩证统一性，转变只重视数量不重视质量的保护理念，将耕地产能的提高作为耕地保护的重要目标，变耕地保护压力为经济发展动力。加快推进耕地保护制度创新，建立耕地保护的长效机制。适应和引领经济发展新常态，在促进投资、扩大消费、稳定增长中，坚持在保障科学发展中落实最严格的耕地保护制度。坚持在保护和节约优先的原则下促进经济持续稳定发展，把原则性和灵活性有机结合起来，为经济社会发展提供更为有效的服务和支撑。

二、土地资源利用战略的目标与要点

（一）土地资源利用战略的目标

根据我国人多地少的基本国情和新时期转型发展的阶段特征，按照土地资源利用的指导思想和基本原则，根据工业化、城镇化、农业现代化等发展对土地资源的具体要求，我国今后相当长时期内土地资源利用战略总体目标是：加快推进土地利用方式转变，建立更为高效的国家粮食安全、经济安全、生态安全土地支撑保障体系，服务于经济社会转型发展，保障生态文明建设和新型城镇化发展的用地需求，实现我国人口、经济、资源和环境的全面、协调、可持续发展。新时期我国土地资源可持续利用的战略目标主要包括以下五个方面。

第一，严控建设用地总量，缩小新增建设用地规模，提高节约集约用地水平，坚持最严格的节约用地制度。进一步减少单位固定资产投资建设用地，提高城市新区平均容积率；严格控制城镇人均城市建设用地标准，稳步推进城乡建设用地增减挂钩试点工作，逐步将农村人均建设用地缩减到控制标准之内。按照新型城镇化规划要求，严格核定各类城市新增建设用地规模，适当增加城区人口 100 万～300 万的大城市新增建设用地，合理确定城区人口 300 万～500 万的大城市新增建设用地，从严控制城区人口 500 万以上的特大城市新增建设用地。充分发挥市场机制的激励约束作用，深化国有建设用地有偿使用制度改革，加快形成充分反映市场供求关系、资源稀缺程度与环境损害成本的土地市场价格机制，通过价格杠杆约束粗放利用提高节约集约用地水平。

第二，加强农用地特别是耕地保护，提高耕地质量，保障耕地产能与粮食安全。"保发展、保耕地、保民生"并举，坚持最严格的耕地保护制度，严守耕地红线，稳定实有耕地面积，提升耕地质量，提高粮食产能，确保谷物基本自给、口粮绝对安全。全面划定永久基本农田，大规模推进农田水利、土地整治、中低产田改造和高标准农田建设。力争到 2030 年，全国耕地基础地力明显提升，粮食产出率稳步提高，加强粮食等大宗农产品主产区建设，加大力度建设粮食生产功能区和重要农产品生产保护区。以优势农产品主产县为基本单元，推进形成陆海一体化的现代农业开发空间格局，增强农业综合生产能力、确保国家粮食安全和重要农产品的有效供给。

第三，立足建设用地内涵挖潜，盘活存量，做优增量，提高土地利用效率。着力盘活存量建设用地，提高存量建设用地在土地供应总量中的比例；增加建设用地流量，在保障城乡建设用地总量稳定、新增建设用地规模逐步缩小的前提下，逐步增加城乡建设用地增减挂钩、工矿废弃地复垦利用和城镇低效用地再开发等流量指标，统筹保障建设用地供给；因地制宜盘活农村建设用地。统筹运用土地整治、城乡建设用地增减挂钩、集体土地股份制改革等手段，积极推进土地综合整治，促进农村居民点向中心村集中、产业向园区集中，促进农村低效和空闲土地盘活利用。提高建设用地利用效率，合理确定城市用地规模和开发边界，强化城市建设用地开发强度和土地投资强度，控制人均用地指标，切实提高土地利用效率。

第四，优化土地利用结构与布局，保障土地生态安全。保持农用地数量基本稳定，严格控制建设用地规模。优化建设用地内部结构，提升基础设施用地和生态环境安全用地比例，减少农村居民点用地。实施土地资源空间调整和布局优化，划定城市开发边界、永久基本农田和生态保护红线，促进生产、生活、生态用地合理布局，引导城镇建设用地结构调整，控制生产用地，保障生活用地，增加生态用地；引导城市建设向组团式、串联式、卫星城市发展，适度提高中西部地区建设用地所占比例；优化农村建设用地结构，保障农村生产、农民生活和基础设施建设用地；促进城乡用地结构调整，合理增加城镇建设用地，加强农村空废、闲置和低效用地整治。协调土地开发利用与生态建设，构筑生态良好的土地利用空间格局。

第五，加强生态环境治理，推进区域协调发展。经济新常态下更加注重资源环境保护，划定生态用地保障红线，确定生态用地的保护规模。继续实施退耕还林还草工程，加强对水土流失、土地荒漠化、农用地特别是耕地污染和草地"三化"（退化、沙化、碱化）的防治；扩大重金属污染耕地修复，推进重要水源地生态清洁小流域等水土保持重点工程建设，按照"梯次推进、合理组织、协调发展、开拓空间"和"坚持数量管控、质量管控和生态管护并重"的原则推进京津冀、丝绸之路经济带、长江经济带的生态保护与修复。划定生态红线，合理组织国土空间，调整生产空间，优化生活空间，改善生态空间，统筹谋划人口分布、经济布局、国土利用和城镇化格局，构建国土生态安全格局，促进经济社会与人口资源相协调，推进区域协调发展。

（二）土地资源利用战略的要点

根据新时期土地资源利用战略目标，可以确定新时期土地资源利用战略重点与任务。从协调土地资源利用过程中人（土地利用主体，包括农民、企业、政府等）、地（土地及其所衍生的国土空间）、业（在国土空间中存在的各种人类活动业态，包括农业、工业等）出发，确定新时期土地资源利用战略重点为节约集约用地、全要素耕地保护、土地综合整治、差别化土地利用、农民土地权益保护、土地科技创新体系。通过实施战略重点和任务、促进国土空间优化与社会公平、保障新型城镇化建设和经济发展方式转变，提高土地资源可持续利用水平，保障食物安全、经济安全和生态安全。

节约集约利用战略是当前最紧迫的战略任务，是新时期土地资源利用战略的核心。转变土地粗放利用模式，控制建设用地总量，盘活存量建设用地，优化增量建设用地，提高土地集约利用水平，是解决当前和未来一段时间土地利用矛盾的关键举措。耕地全要素保护是根本战略任务，实现由耕地数量保护向全要素保护转变，从根本上协调人地关系，充分考虑田、水、路、林、村、人等多要素关联和城乡互动，通过实施土地综合整治战略，优化土地资源配置，提升土地利用效率，优化国土空间。改变区域土地利用均衡配置的思路，因地制宜，推进差别化土地利用战略，充分发挥区域比较优势，促进区域协同发展。通过实施农民土地权益保护战略，调整不同土地利用主体利益关系，化解土地利用主要矛盾，深化土地利用制度改革，完善土地管理方式，保障农民利益，促进社会公平。土地科技创新战略和差别化土地利用战略是基本战略任务，科技创新是其他五大战略的重要驱动力，是提高土地资源质量和提高土地管理方式的重要支撑。

通过实施上述战略任务，统筹协调国民经济与社会发展中的人、地、业发展，促进社会公平和国土空间优化，支撑新型城镇化和生态文明建设，促进土地资源可持续利用，保障食物安全、经济安全和生态安全总体目标的顺利实现。

1. 土地资源节约集约利用

（1）土地资源节约集约利用战略背景。我国经济发展、城镇建设、资源开发利用等发生了深刻的结构性变化，目前，以耕地快速非农化为代价的城镇化发展模式难以为继，走新型城镇化发展道路成为转变发展方式的必然选择。新型城镇化的核心是统筹城乡发展，不以牺牲农业和粮食、生态、环境为代价，注重保障粮食安全，保护农民利益。

纵观世界各国，解决土地供需矛盾共有三种途径：一是投入更多的土地资源，开发新耕地；二是依靠国外土地资源，进口农产品；三是集约利用土地，提高土地利用效率。因此，我国必须转变土地利用方式，将节约集约利用土地资源放在土地资源利用战略首位。

（2）土地资源节约集约利用战略重点。

第一，严格建设用地规模管控。严格控制城乡建设用地规模，实行城乡建设用地总量控制制度、强化县市城乡建设用地规模刚性约束，遏制土地过度开发和建设用地低效利用。逐步缩小新增建设用地规模，着力释放存量建设用地空间，提高存量建设用地在土地供应总量中的比例。着力创新以补充量定新增量、以压增量倒逼存量挖潜的建设用地流量管理机制，通过激活流量来盘活存量建设用地。合理确定城市用地规模和开发边界，强化城市建设用地开发强度、土地投资强度，人均用地指标整体控制，提高区域平均容积率，优化城市内部用地结构，促进城市紧凑发展，提高城市土地综合承载能力。

第二，优化开发利用格局。最大限度保护耕地、园地和河流、湖泊、山峦等生态用地，优化城镇空间体系，合理布局生产、生活、生态用地，优化建设用地布局，严格控制城市无序扩展，加强产业与用地的协调，按照产城融合的新型城镇化发展要求，统筹各类各业用地。统筹城乡建设用地空间配置，与新型城镇化和新农村建设进程相适应。引导城镇建设用地结构调整，控制生产用地，保障生活用地，增加生态用地。

第三，健全用地控制标准，严格建设用地约束。根据区域发展阶段和产业结构特点，提出土地控制标准，加快建立综合反映土地利用对经济社会发展承载能力和水平的评价标准。科学制定工程建设项目用地控制指标、工业项目建设用地控制指标、房地产开发用地宗地规模和容积率等建设项目用地控制标准，并针对不同区域和不同发展阶段，提出指标浮动空间。通过健全法律法规体系，规范建设项目严格按照用地控制标准进行测算、设计和施工。

第四，完善市场配置机制，促进用地提效利用。加快健全和完善土地资源市场体系，让市场在土地资源配置中起决定性作用。加快形成充分反映市场供求关系、资源稀缺程度和环境损害成本的土地市场价格机制，通过价格杠杆约束粗放利用，激励节约集约用地。建立健全完善主体平等、规则一致、竞争有序的市场机制，完善土地租赁、转让、抵押二级市场，营造土地市场规范运行、有效落实节约集约用地的制度环境。

2.差别化的土地利用

（1）差别化的区域土地资源开发利用战略。根据区域总体发展战略，结合区域发展实际和用地特点，统筹安排区域用地计划。将全国划分为东部、中部、西部、东北四大地区板块，实行区域差异化土地利用战略。

第一，东部地区土地利用应与加快经济结构调整相适应，建设用地适度增加和空间优化相整合，严格控制新增建设用地计划指标，逐步调减新增建设用地供应，逐步加大城乡建设用地增减挂钩指标，将"总量锁定、增量递减、存量优化、流量增效、质量提高"作为土地利用管理的靶向目标。

第二，中部地区土地利用应与产业转移和基础设施建设相适应，与全国粮食主产区建设战略相适应。在保证耕地数量的同时，建设高标准农田，提高农用地质量和农业生产效率，合理安排新增建设用地计划指标，适当加大城乡建设用地增减挂钩指标，支持开展工矿废弃地复垦和低丘缓坡开发试点。

第三，西部地区土地利用应与西部大开发政策相适应，在利用后发优势发展经济的同时，进一步强化生态保育与环境保护。探索创新黄土地区、岩溶地区、高原地区土地开发利用模式，严格划定禁止建设区和限制建设区，提高适宜建设区土地利用效率，切实促进生态脆弱地带人地关系地域系统协调发展。

第四，东北地区土地利用应与国家粮食主产区建设相适应，与区域城镇化健康有序发展相适应。探索实施耕地全要素保护措施，积极推进中低产田改造等农用地综合整治工程，切实保障粮食的稳产、增产，加强生态用地的环境生态保护。对于京津冀、长三角、珠三角等全国经济重点发展地区，以及成渝地区、哈大城市带、关中城市群、皖江城市带等城市、人口密集区，实行差别化土地供应方式管理，向高新技术、新能源等国家扶持产业用地倾斜，向基础设施、公共服务设施建设倾斜，向生态用地倾斜，通过用地指标的管理引导地区经济结构转型，切实提高设施保障能力，改善生产、生活环境，利用土地杠杆实现区域经济—社会—生态综合效益的最大化。

（2）差别化的产业用地战略。有保有压安排产业用地，与产业政策、投资政策等相协调，优先安排民生建设用地，确保保障性住房用地供应，保障重点基础设施。防灾救灾环境保护等建设用地战略性新兴产业，高新技术、高附加值、低消耗、低排放的项目用地需求；限制占地多、消耗高的加工业和劳动密集型产业用地；严禁将计划指标用于高耗能、高排放、产能过剩行业等淘汰类项目建设。参考不同产业的生命周期进行用地规模和方式预测，优化存量工业用地。对新增工业用地、产业用地类项目实行弹性年限制度，及时监测新兴产业、朝阳产业的兴起，按需调整用地期限，使工业用地利用与产业形态相适应。对于农用地，特别是永久基本农田，加强整治工程和规范管理，为农业主产区建设奠定基础。严格保护耕地，促进农业向生态化、精细化、产业化、现代化发展。扩大林网、水面等用地面积，改善区域生态环境，严格保护生态用地，促进区域人口、资源、环境和谐发展。

3. 农户土地权益保护

（1）推进农村土地制度改革，保护农民土地基本权益，突出农民主体地位，尊重农民意愿，整治空心村、重建新农村，使农民充分享受土地整治政策。引导农民将建设美丽家乡的强烈愿望付诸合理、合法的实践，促进城乡土地资源的统筹配置和优化利用。积极探索适合农村可持续发展的土地管理与综合整治机制和模式，完善相关立法工作。研究农村宅基地由过去的无偿无限型如何转成有偿并合理地流转，创新宅基地有偿退出机制，实施土地确权，推进农村宅基地的确权流转市场化机制，促进城乡土地资源的统筹配置和优化利用。研究、实施一套有效的产权明晰办法，实现农村土地由资源化向资产化、资本化转变。通过制度改革，改变当下农民只有土地补偿权的现状，创造条件让农民依法享有土地流转自主权、收益权，依法享有分享土地后期增值的权利，使务农村民、失地农民的长远生计有保障。完善土地流转的法律体系，规范土地流转程序，健全信用机制，稳定土地使用权，使农民安心、放心地将土地投入流转市场，依法维护农民自身利益不受损害。

（2）健全土地市场激励机制，保障农民土地发展权益。土地流转、土地整治、新农村和现代农业建设，都是资本、技术、人才高度集中的综合性系统工程。加强政府服务功能，建立健全农户参与土地开发利用的服务体系，妥善处理土地开发利用中发生的矛盾和问题，切实保障农户在参与土地开发利用中发展权益。由于企业行为以经济效益为根本导向，难以兼顾公共利益的平衡，须加以约束。实行土地所有权、承包权、经营权"三权"分置，维护土地作为公共资源的合法权属。加强对土地流转的监管，加大对借土地流转之名侵害农民利益行为的督查力度，通过对企业行为进行定期或者不定期的检查和监督，解决企业参与土地开发利用中损害农民利益、破坏生态环境的问题。

4. 土地资源综合整治

（1）加快推进高标准农田建设。统筹规划、整合资金，落实"藏粮于地"的战略，大规模建设高标准农田，合理增加有效耕地面积，提高耕地质量等级，优化耕地结构和布局，提高农田生态环境，实施耕地全方位管护，建成一批建设、管护、利用高标准化的生态农田，促进农业发展方式的转变。继续实施国家基本农田保护示范区和全国高标准基本农田建设示范县的建设。积极推进生态农田建设示范县、高标准基本农田示范片建设，积极发展粮食主产区。

（2）大力推进建设用地的整治。优化城乡建设用地结构布局，统筹农村建设用地整治，城镇低效用地再开发，工矿废弃地整治，在与新增建设用地安排相衔接的前提下，加大存量建设用地盘活力度。正确把握城乡用地增长和社会经济发展的关系，实施整体调控战略。其关键在于：一是在用地规模上实行必要的总量和增量调控，避免土地资源的低效利用；二是城乡用地需要统一到同一体系中，特别是以开发区为标志的非资源型独立工矿地必须纳入城镇建设用地统筹管理，形成以城镇工矿用地为标志的用地管理体系；三是推进城镇建设用地增加和农村建设用地减少相挂钩。

（3）强化不同类型区土地综合整治的地域特征。我国幅员辽阔，区域自然条件与社会经济差异显著，不同区域对土地综合整治的内涵要求不同，因此，要坚持因地制宜的原则。对于平原地区，土地整治以建设现代农业、保障国家粮食安全为重要目标，建设高标准农田，创新土地流转方式，实现土地适度规模经营，提高农业生产效率；对于丘陵地区，以加强生态环境保护和建设为重要目标，适当弱化新增耕地指标，强化通过提高农业生产条件和生态环境提高耕地质量、调整土地利用结构，提高森林覆盖率，在生态环境保护的前提下，适当开发未利用地。

5. 耕地资源全要素保护

（1）保证耕地数量，确保耕地红线不突破。耕地数量的保护是耕地保护中最基础性的工作，经过多年持续快速发展，我国经济已经到了必须在发展中加快提质增效升级的重要时期。划定永久基本农田、严控建设占用耕地不仅十分必要，且已具备条件。

（2）提升耕地质量，实现耕地产能提升。建立补充耕地质量建设与管理机制，进一步完善耕地质量验收程序，确定耕地等级，确保能够持续耕种。强化耕地数量和质量双重占补平衡，利用农用地分等定级、土壤地质调查测评分析、二次土地调查等成果，完善现有和后备耕地资源质量等级评定，健全耕地质量等级评价制度，作为调整完善规划、划定永久基本农田、建设用地审批和补充耕地审查的依据。统筹规划，整合资金，加大对生产建设活动和自然损毁土地的复垦力度，探索开展受污染严重耕地的修复工作，全面推进中低产田和山地、丘陵区域土地整治工程，提高耕地生产条件，提高土壤保水、保肥能力，提升耕地产能和农产品质量，逐步完成传统农业向绿色、有机、高产、多功能的现代化新型农业转型。

（3）保护耕地生态环境，确保农产品质量安全。新时期的耕地资源保护应更多体现其生态环境价值，利用优质耕地构建城市实体开发边界，并通过耕地资源的多样性利用，构建绿色生态空间、绿色高质农产品生产空间。在耕地生态环境整治方面，应系统分析和诊断区域土地利用存在的生态环境问题和成因，有针对性地开展水土污染生态修复、退化和废弃土地的生态修复与改造、生物生境修复、土地生态系统生物关系与健康重建、水土生物过程与土地利用景观格局关系重建，以及土地生态系统生态服务功能恢复。

（4）统筹耕地利用的时空格局，稳定后备耕地资源。在人口持续增长、环境容量一再消耗的发展背景下，积极保护耕地资源，统筹耕地开发利用时序，协调代际的公平，为子孙后代的发展需求留有余地。在对耕地后备资源的开发利用上，必须始终建立在保护和改善生态环境的前提下，坚持开源与节流并举，合理安排开发项目。在未来一段时间内，我国应尊重耕地后备资源的地域分异规律，坚持因地制宜的原则，兼顾经济、社会、生态综合效益，兼顾近期效益和远景效益，兼顾开发和保护的统一性，通过建立国土空间规划，划定一定发展阶段内耕地开发界线，为未来发展留有一定耕地后备资源，遏制盲目开垦未利用土地的趋势。建设高标准农田和生态示范区，注重开发利用效益，从外延和内涵上挖掘耕地后备资源潜力。

6. 土地科技创新

（1）完善土地科学体系，促进土地科学建设。学科是科技创新和人才培养的基本单元，土地科学学科建设是持续推动土地科技创新的支撑平台。要综合理学、工学、管理学等学科理论，建立综合性、系统性、实用性的土地科学体系，搭建土地科学理论框架，丰富和深化理论研究，培养一大批理论扎实、实践能力强的中青年土地科学家，形成一定规模和研究实力的科研队伍。要在充分认识我国特殊国情的前提下，吸取先进的理念与技术，增强对区域建设用地利用的发展、变化规律性的认识和掌控能力，为实现合理用地提供具体的开发利用和调控手段。要围绕土地节约集约利用，突出科研成果的实用性，推进项目示范。在实践的基础上借鉴国外经验，进一步梳理我国土地利用的科学问题，创新土地保护性开发与综合整治的关键技术。

（2）加大土地科技创新力度，提高土地利用集约程度。以提高土地集约利用程度为核心目标，围绕我国建设用地合理利用与再开发等问题，创新土地利用现状精准调查技术，探索构建建设用地集约节约用地评价体系，创新与产业升级、结构调整相适应的土地配置与调控技术，促进经济发展方式转变。着眼于粮食安全保障和生态环境保护，创新耕地综合整治技术与良种选育技术，通过"土地优配、良种优选"相结合的方式，双管齐下提高耕地利用效率。创建国家土地资源动态监测与优化决策支撑技术体系。将土地利用变化置于时空一体化基础之上，将"3S"技术（遥感技术、地理信息系统、全球定位系统）作为时间、空间与属性系统处理和分析手段应用于县级土地资源动态监测示范，并实现土地利用的"3S"高精度大比例尺动态数字化监管。

（3）加快推进土地科技成果转化。建立土地科技成果转化长效机制，推进"产—学—研—企"一体化的土地资源开发、利用、整治、保护机制。在珠三角、长三角、京津冀等城镇化地区推进存量建设用地再开发项目示范，实验并推行建设用地再开发规划、调控、监管技术系统，助推这些地区的发展模式创新与转型。在传统农区推进土地综合整治工程示范，实现沟、渠、路、边坡综合治理，从根本上解决北方农田灌溉难、季节性干旱问题，以及南方农田排水和季节性旱涝问题。在生态脆弱地区推进土地优配、良种优选的综合整治工程示范和生态涵养区用地保护工程示范，实现生态脆弱区水土保持、生物多样性保护、面源污染控制、地方经济健康发展、地区人民增收等多重社会、经济、生态功能。

三、土地资源利用策略

（一）构建城乡土地集约利用与严格约束的协调机制

在工业化、城镇化快速发展背景下，城镇建设用地扩张不可避免。然而，我国目前城镇建设用地粗放利用现象突出，特别是工业用地；同时，农村宅基地超标、空置、废弃问题突出。今后我国建设用地应从增量扩张为主转向盘活存量、增加流量与做优增量并举，健全城乡建设用地总量和效率约束机制，建立城乡建设用地结构优化机制，严格执行土地用途管制，充分发挥市场配置资源的决定性作用，促进城乡建设用地集约高效利用。

1.完善城乡建设用地总量调控与效率评价的协同机制

实行城乡建设用地总量控制，依据二次土地调查成果和土地变更调查成果，调整完善土地利用总体规划，从严控制城乡建设用地规模。健全相关规划与土地利用总体规划的协调机制，相关规划涉及城乡建设用地规模不能超过土地利用总体规划确定的建设用地规模。探索编制实施重点城市群土地利用总体规划和乡村土地利用规划，强化对城镇建设用地总规模的控制，合理引导乡村建设集中布局、集约用地。健全建设用地效率约束机制，逐步减少新增建设用地供应，依据各类城市特点严格核定各类城市新增建设用地规模；把土地节约集约利用纳入对地方政府经济社会发展和党政领导干部的政绩考核。健全建设用地审批制度，在充分评估土地利用效率的基础上，对建设用地进行审批。健全土地用途管制制度，保持土地利用总体规划的权威性，实行土地利用年度计划制度，严格限定土地用途转变；同时，增加土地利用效率管制标准，强化城市建设用地开发强度、土地投资强度。人均用地指标整体控制，提高区域平均容积率，提高城市土地资源的集约利用水平。

2. 改进城镇与工矿建设用地供地机制

健全存量土地盘活机制，将实际供地率作为安排新增建设用地计划和城镇批次用地规模的重要依据，促进批而未征、征而未供、供而未用土地有效利用，对年平均供地率较低的地区，除国家重点项目和民生保障项目外，减少新增建设用地指标，促进建设用地以盘活存量。健全低效用地再开发激励约束机制，促进城乡存量建设用地挖潜利用和高效配置。严格执行依法收回闲置土地或征收土地闲置费的规定，加快闲置土地的认定、公示和处置。完善土地收购储备制度，促进工业用地等各类存量用地回购和转让。

3. 优化土地宏观调控和市场配置机制

健全土地市场与规划管理，实行土地供给年度计划管理，完善调节土地供应总量和适应方式的制度建设与调控手段。加强城乡建设用地地籍管理，推行不动产统一登记制度，逐步形成权属清晰、权责分明、保护严格、流转顺畅的现代土地产权制度。深化土地有偿使用制度改革，推进土地使用权流转，显化土地资产价值，规范土地税费政策，发挥地价、税费等经济杠杆对土地利用和流转的调节作用，规范和发展土地使用权市场。加大闲置土地处置力度，针对城镇闲置建设用地征收闲置费，促进闲置土地开发。

完善土地征地补偿制度，提高征地补偿标准。深化农村土地制度改革，针对农村集体经营性建设用地权能不完整、同权不同价等问题，完善农村集体经营性建设用地产权制度，赋予农村集体经营性建设用地出让、租赁、入股权能；明确农村集体经营性建设用地入市范围和途径；健全市场交易规则和服务监管制度。健全政府主导的土地收储制度，积极梳理筛选闲置用地、低效用地、边角地，以及与区域功能定位不符的建设用地，将其统筹纳入土地储备范围，优先合理安排公共服务设施、城市基础设施和产业项目用地，稳步推进城市建设和产业升级调整。

（二）建立全要素保护的耕地保护机制

耕地是国家粮食安全的基石，是农业发展和农业现代化建设的根基与命脉。尽管二次土地调查数据显示耕地面积有所增加，但是粮食生产的实有耕地面积并未扩大，人口多、耕地少的基本国情没有改变。在快速工业化、城镇化发展背景下，粮食安全和耕地保护形势依然严峻，耕地质量退化问题尤为突出。今后应在划定永久保护基本农田、完善土地利用规划的基础上，强化政府保护责任，激发农民保护积极性，并完善耕地保护监测手段，切实做到耕地"数量、质量、生态（品质）、空间"全要素保护。

1. 划定永久保护基本农田

根据耕地资源的自然条件、分布状况、利用现状等，按照耕地质量等级从高到低的顺序，划定永久保护基本农田。永久保护基本农田一经划定，不得随意调整或占用。城镇、村庄周边和铁路公路等交通沿线的优质耕地建成的高标准农田，经县级以上人民政府批准确定的粮、棉、油、蔬菜等生产基地内的耕地，农业科研、教学试验田等，必须划定为永久保护基本农田。永久保护基本农田上图入库，联网公布，并增设永久保护标志牌，接受社会监督。把永久保护基本农田作为重点监测对象，建立和完善基本农田保护负面清单，对破坏、占用基本农田的个人或政府进行登记。

2. 增强耕地保护责任意识

完善耕地保护责任目标考核办法，加强对永久保护基本农田划定和保护、高标准基本农田建设、补充耕地质量等内容考核分量，增强政府耕地保护的责任意识。将耕地保护目标纳入地方经济社会发展和领导干部政绩考核评价指标体系，加大指标权重，考核结果作为对领导班子和领导干部综合考核评价的参考依据。完善耕地质量评价体系。健全评价标准，在保证数量不减少的情况下，严格执行领导干部耕地保护离任审计制度，落实地方政府保护耕地的主体责任。建立奖惩机制，将耕地保护责任目标落实情况与用地指标分配、整治项目安排相挂钩。加大耕地保护的宣传力度，增强公众的耕地保护意识。逐步建立耕地保护经济补偿机制，提高非农建设占用耕地成本。根据永久保护基本农田划定和高标准农田建设执行情况给予地方政府财政资金、建设用地指标等方面的奖励，探索实行高标准农田建设、耕地保护"以奖代补"机制。

3. 加大耕地保护监督力度

加强耕地资源动态监管以二次土地调查、年度土地变更调查和卫星遥感监测数据为基础，加快更新完善土地规划、基本农田保护、土地整治和占补平衡等数据库，建立数据实时更新机制，实现与建设用地审批、在线土地督察等系统的关联应用和全国、省、市、县四级系统的互联互通，纳入国土资源"一张图"和综合监管平台，强化耕地保护全流程动态监管，及时预警、发布变化情况信息。健全耕地质量监管机制，开展土壤环境质量状况调查与评价，土壤背景点环境质量调查与对比，重点区域土壤污染风险评估与安全等级划分；构建适合我国国情的污染土壤风险评价和风险管理体系，制定土壤环境管理的政策、法律法规和技术标准体系，形成配套的技术规范，促进土壤污染管理的科学化与规范化。健全耕地质量等级评价制度，建立补充耕地质量建设与管理机制，强化耕地数量和质量占补平衡。

（三）健全后备土地资源的开发利用机制

充分利用海域资源，有序开发未利用土地，安全高效利用"两种资源，两个市场"，发挥海外资源作用，充分拓展生产发展空间，保障土地可持续发展。

1. 合理利用海洋资源

健全海洋开发规划管理机制，把海洋纳入国家全域规划，严格审批海洋发展规划，避免重复建设；健全产业管理机制，实行差别化政策，引导优化海洋产业结构，实行海洋战略性新兴产业培育政策，提高海洋经济增长质量。坚持开发和保护并重，污染防治和生态修复并举，科学合理开发利用海洋资源，维护海洋自然再生产能力。要从源头上有效控制陆源污染物入海排放，实行海洋生态补偿和生态损害赔偿制度，开展海洋修复工程，推进海洋自然保护区建设，促进科技创新激励机制。发展海洋科学技术，健全科技创新激励机制，促进科技创新突破海洋经济发展和海洋生态保护的科技"瓶颈"。做好海洋科技创新总体规划，重点在深水、绿色、安全的海洋高技术领域取得突破。尤其要推进海洋经济转型过程中急需的核心技术和关键共性技术的研究开发。

2. 有序开发未利用土地

统筹安排荒山、荒滩等未利用土地开发利用的时间和空间格局。对后备土地资源的开发利用必须始终建立在保护和改善生态环境的前提下，尊重后备土地资源的地域分异规律，坚持因地制宜的原则，严格审批未利用土地开发项目，限制未利用土地开发规模，研制未利用土地开发生态影响评价技术，保障未利用土地可持续开发。创新未利用土地开发模式，在符合土地用途管制的条件下，采取以奖代补的办法，对未利用地开发新增建设用地给予奖励。对建设项目耕地占补平衡进行严格把关，坚决纠正占优补劣问题，保障耕地质量。研制和运用土地综合整治工程技术与生态修复技术，为未利用土地开发提供技术支撑，同时盘活废弃和闲置旧工矿、村庄宅基地、被污染的土地，保障土地利用持续发展。

（四）推行因地制宜差别化的土地利用机制

1. 优化差别化的土地调控机制

按照西部培育增长极，东中部地区增强吸纳人口、产业能力的要求，加大对资源环境承载潜力大的城镇化重点地区的倾斜。在节约集约用地的前提下，加大用地计划对城镇化重点地区的支持，市县级用地指标分配向中小城市和重点小城镇倾斜，形成合理的城镇化空间格局。结合当地人口城镇化速度和规模合理配置城乡建设用地增减挂钩指标，加大城乡建设用地空间结构调整力度，有效拓展城镇化用地的供给。对于非本地城镇户籍人口较多的城市，扩大增量用地计划供给和存量，加大用地改造挖潜力度，保障外来人口落户的需求。对于符合规划、处于起步阶段的新城新区，适度扩大近期用地的比例，支持基础、公用设施等的提前布局建设。对于已实现同城化的城市，允许城市间用地计划指标相互调剂使用，共同核算。

2. 推行差别化区域土地用地政策

区分不同的区域，优化空间布局，促进区域协调发展。近年来，自然资源部落实西部大开发、中部崛起、东北振兴、东部率先发展等国家区域发展战略，配合上海浦东新区，天津滨海新区，武汉城市圈，长株潭城市群，义乌、厦门等国家级综合配套改革试验区的推进，已经制定了相关配套土地政策。此外，为落实国家扶贫开发战略，制定了扶持老少边穷地区发展的土地倾斜政策。建立应对重大自然灾害、支持灾后恢复重建的特殊土地政策。

3. 实现差别化的产业用地管理

针对不同行业和产业，完善土地供应结构、供应方式，促进产业升级转型和调整。近年来，主要跟进节能环保、生物医药、信息技术、智能制造、高端装备等并举产业，促进了生产性服务发展。推动大众创业、万众创新，服务"互联网＋"行动计划、"中国制造 2025"工业强基工程实施，出台了不同产业的差别化用地政策。通过新产业新业态和旅游用地政策，支持了旅游业、流通业、物流业、养老产业等服务业发展；通过完善国有土地资产处置政策和国有土地二级市场，促进国有企业改革，积极配合军工科研院所转制改革；通过落实和完善文化体制改革、文化企业发展等相关用地政策，推动文化产业优化升级；通过落实优先发展公共交通和绿色出行用地政策，推进交通运输低碳发展。完善房地产用地调控政策，区分不同房地产类型，实行差别化计划指标和供地政策。适应农业专业化、规模化、复合化、市场化、产业化发展的大趋势，探索建立促进传统农业向现代农业加快转变的土地政策；研究探索鼓励休闲农业、观光农业发展的土地支持政策；继续实行并不断完善规模化养殖、设施农业的用地政策，研究制定支持农产品加工和流通设施建设的用地政策。

（五）创设基于科技创新的土地资源技术体系

科技在当今社会发挥着越来越重要的作用，土地科技能够提高土地管理效率和土地利用效率。今后，应强化网络技术在土地管理和监督中的应用，加强土地利用动态监测和信息化服务管理，加强土地综合整治工程技术研究与集成应用，建立土地监测评价与规划技术标准体系，将科技创新贯穿于包括土地资源信息获取、动态监测、网络预警、整治复垦和规划决策等的土地资源技术体系中。

第一，强化信息系统和网络技术应用，实现土地利用动态监测和信息化服务。建立土地利用信息系统，实现监测、预警、管理和服务一体化。在现有工作的基础上，用现代信息技术做支持，建立结构完整、功能齐全、技术成熟先进，与土地管理现代化要求相适应并服务于社会的土地信息系统。结合视频监控技术、GPS 设备，以及土地利用现状基础图件、建设用地审批、土地登记等信息，利用大数据、云计算等技术，实现国土资源视频综合监测和管理。结合土地利用动态监测数据和土地利用规划数据建立土地利用总体规划实施、耕地保护、土地市场的动态监测网络，实现国土资源管理信息化和服务社会化，利用大数据、云计算等技术实现整个国土资源系统工作相关数据的互联互通和信息共享。

第二，加强土地综合整治工程技术研究与集成应用，提高土地利用效率。完善以提高土地质量和保持土地健康为目的的土地工程技术体系，包括土壤污染治理技术、土地生态修复技术和土地整理技术。加强研究土壤环境质量状况调查与评价技术、土壤污染风险评估与安全等级划分技术、土壤污染修复与综合治理技术研究，完善土壤污染治理技术体系；加强研究土地利用生态环境调查与评价技术、水土流失防治技术、土地沙化防治技术、矿山"三废"治理和矿山环境恢复技术，完善土地生态修复技术体系；加强研究"空心村"识别与评价技术、废弃工矿整理技术、农村居民点整理技术，完善土地整理技术。探索、总结和推广适合于不同行业、不同地区的节地技术与模式。

第三，建立土地监测评价与规划技术体系，增强土地可持续利用。不断完善土地适宜性评价、土地潜力评价、土地生态经济评价和土地可持续性评价的方法与技术。开展为经济建设和土地利用规划服务的土地适宜性评价，特别是对特定土地用途的土地适宜性评价，如为农业（作物）、各种建设的评价，为经济建设和合理配置土地资源服务；开展为宏观决策服务的土地潜力评价，特别是为保障食物安全和经济安全的土地利用开发潜力评价；开展为土地生态安全服务的土地生态经济评价，特别是评价土地利用和保护的生态环境及经济效果；开展为可持续发展服务的土地可持续性评价，特别是评价土地利用系统的可持续性。强化土地利用规划编制的科学性、规范性与动态性。追踪土地利用变化与社会经济发展的关系，特别是资本投入与土地利用变化的关系；建立科学预测各类用地的分析模型与计量经济模型；深化不同用地类型的适宜经济技术系数的试验研究，确立土地利用规划指标分解的技术标准与规范，建立科学的土地利用规划体系；探索制定动态的土地利用规划的各种技术方法，开发从土地利用预测、土地利用规划编制，到土地利用规划管理的信息化技术平台与服务决策体系。

四、土地资源可持续利用评价

（一）土地资源可持续利用评价的指标体系

1. 持续性度量与指标

持续性指标是进行持续性度量的基本手段。例如，医学上尽管有许多可以判断"健康"的指标，但医生通过将人的心率和血压作为反映总体健康状况或病兆的综合指标，尽管这两个综合指标并不能完全反映一个人的健康状况，但它的确为医生提供了一种快速而简便的诊断方法。因此，在开发持续性指标时，一般应寻找易于评价判断，并反映土地资源利用与管理持续性的预警信息的类似"心率"和"血压"的指标。

持续性是动态的，它包括几个特征，如变化速度或速率，变化涉及的质量大小以及与此相关的过程惯性，相对初始及结果状态的变化量或变化率的影响程度等。但由于持续性反映的是系统动态属性而不是一个固定点，因而有些方面可能很难度量。实际研究中将持续性定义为"缺乏试图打破系统在时间维上的平衡状态的作用力"，也许更易于操作。这也是大部分指标实际上表示"不持续性"（即失衡程度）的原因。

在任何社会或经济系统中，都可能存在许多不同类型或不同原因造成的不持续性，如有限的资源规模、投入供给不足、产出需求过大、污染等破坏性压力等。许多系统都很复杂而不能被充分理解，因此，因果关系并不总是那么明晰。开发持续性指标面临的挑战，就是如何在这种复杂性和不确定性条件下找到用来表述这一概念的简单方法。

在国外主流的持续性研究中，指标是指可直接用来供决策者进行情势判断或提供有价值信息的度量，而不是某种深奥模型中的参数，即中间过程指标。目前，有一种研究趋势是企图通过建立复杂的综合模型对持续性进行全面的评价，这种综合模型度量法与通常意义的多指标集合度量法在方法论上的基本出发点是不同的。综合模型度量法其实是一种系统解析法，即企图通过对现实系统的全息解析，然后抽象仿真来提示系统的持续性能；而多指标集合度量法从系统论上讲是一种"灰箱法"，即通过系统表征出来的某些关键信号，根据人类已有的经验和科学认知，直接判断系统的性状。这有点类似中医"望闻问切"与西医"剖而解之"的区别。在早期的研究中就存在"多指标"与"单指标"争论，其实也是这两种方法流派间的分歧，因为"单指标"只有通过综合模型的建立才有可能最终实现。受制于当前科学认识与技术手段，综合模型法还停留在学术探索与实验阶段，而多指标集合度量法因直接定位于现实的决策需要，指标简易明了且获取相对容易，在研究成果与应用实施上逐渐占据了主导地位。

　　当然，即使是多指标集合度量法的指标也并不总是显而易见的，必须学会处理一个复杂体系，即意味着要学会辨识出一个具体的指标集，并知道如何根据其状态来评价系统的健康或持续性状况。通常这种对指标的学习是本能的、随意的、下意识的，农户学习辨识从动植物或土壤上发出的信号并采取对应措施。但对于处理人类建立的许多复杂系统，本能的学习是远远不够的。事实上，这些系统要求有专门的"仪器"来为人类提供指标信息，如生活成本与就业指标、道·琼斯指数等。尤其基本面的指标，通常不那么明显，不能凭直感来了解。有时可以依靠不断尝试的办法来最终揭示其真相，但更多情况下，我们不得不借助系统及其过程的概念模型来对它们进行搜索或辨识。

　　所用的概念模型不同，得出的指标也会有很大的差异。只要所得出的指标集是互为补充、相辅相成的，则该指标体系就是有效的、成立的。从这一意义上讲，就一个特定的土地利用系统而言，完全可能同时存在两个或两个以上的基于不同方法的持续指标集。持续指标的这种非唯一性，有些国家根据实际情况制定符合本国国情的指标，但对于指标的比较研究，却有相当大的困难。

　　2. 持续性指标开发方法

　　（1）问题因果模型。问题因果模型主要从问题发生及治理的因果链出发，挑选相关变量作为持续性指标。问题因果模型在环境状态报告中得到了广泛的应用，并已被联合国持续发展委员会建议作为持续性指标开发的模型。问题因果模型对人与自然的相互作用预设了一个简单的概念性假定：环境本处于某种"自然"或"正常"的平衡状态，其重大变化都可归结于可辨识的驱动力；人或人本主义过程与自然环境是相分离的，人类对环境的影响通常都是负面的。实际上，许多自然环境是动态且高度复杂的，我们对自然环境的理解，尤其是学术界以外的理解，通常是有限的和错误的。问题因果模型在各种联系或关系被明确之前就对人类活动的环境影响实行了假设，因此这一模型实际上是主观而有偏向的。

　　（2）价值模型。价值模型以林业部门"准则与指标"的开发为代表，其基本步骤是：确定社区或资源管理者的价值取向；确定可用来评价这些价值被维持、削减或提高的指标；监测这些指标的变化来评价未来趋势；分析重大变化来确定变化的原因。价值模型不要求把人类活动与自然过程分离开来，或对人类活动的环境影响做预先的假定。这一方法在蒙特利尔等有关森林管理的进程中得到了很好的体现。社区希望推广或保护的价值标准被作为准则，而指标是用来反映这些价值被推广或保护程度的杠杆或测度。

　　严格意义上讲，农业生态系统法也可划归为这类概念模型，因为在这两种方法中同样是先定义持续性的价值目标，然后再寻找相应的评价指标。只不过在这两种方法中，价值标准是通过专家分析被事先定义的，而在典型的价值模型中，价值标准是通过参与性方法由当地利益代表确定的。这有点类似政治过程中的操作方法，因而这类模型在政府实施的指标中被广泛应用。

尽管问题因果模型与价值模型有着共同的评价目标，但价值模型看起来更适用于当前的知识状态。理由是：①价值模型只监测关键属性方面的变化，而没必要对变化的原因做事先的假设（这种假设有可能是错误的）；②价值模型不会造成在环境、经济与社会方面的持续性冲突；③价值模型有利于对自然过程的先进认识与先进管理的推广。

（3）系统分析模型。该模型是近年持续发展指标研究的方向。已有的持续性指标开发模型有两个共同的缺陷：一是它们所得出的指标集的全面性无法保证；二是其指标往往都是后验性的而不是预警性的。尤其是因果价值模型，在这两方面都显得较为薄弱；价值模型虽然在实际操作上做了一些规范性的程序保障，企图尽可能将这两种缺陷控制到最小，但从理论上讲，这只能算是一种弥补措施，而不是彻底的解决方案，其实施效果更多的是取决于经验的力量。

系统分析模型理论上可以彻底弥补这两方面的不足，因为它是建立在系统的理性分析与逻辑重建基础之上的。但受当前科技水平与认识能力的限制，目前这种方法还停留在理论探索阶段，还没有成熟的技术可应用于实践操作。

3. 土地持续利用指标体系的创新点

我国土地持续利用指标体系还处于比较初步的阶段，虽然一些指标有实证例子做支持，但总体来讲，这些指标还属于指导性的或启发性的，有些指标比较粗糙，有些指标在功效上还有待进一步检验、校正。即便如此，与国外指标体系相比，我国土地持续利用指标体系还是有其独特与创新之处的，具体表现为以下三点。

（1）指标体系采取了开放式的交叉组合框架，有利于资源的综合规划管理与体系的后续发展。土地持续利用的核心之一是资源的综合管理与规划，我国土地持续利用指标体系的设计采取交叉组合框架，即把部门土地利用系统和区域土地利用系统有机地组合在一个统一的框架内，充分响应了国土资源部门管理的特点和要求，有利于对资源的综合规划与管理。此外，指标框架是开放式的，即除了现有的土地利用系统外，新的部门利用系统（如水面利用系统）和区域利用系统（如乡级土地利用系统）可以根据需要加入进来，实现自由对接，有利于整个指标体系的不断补充完善。

（2）指标体系呈可选菜单式，反映了我国土地利用的多样化特点，有利于指标体系的普遍适用性。考虑到我国疆域广阔，自然、社会、经济条件差异很大的特点，指标体系设计时采取的是可选菜单式。即针对每一方面的问题给出涵盖面尽量广的所有指标，当应用于某个具体地区时，并不一定所有指标都适用，而是仅采用适用本地情况的指标。这样，保证了整个指标体系的普适性和稳定性。

（3）指标体系充分反映了政策相关性、成本划算等原则，增强了指标的应用价值。我国土地持续利用指标体系在研究之初就确立了为土地资源管理实践服务的基本宗旨。因此，指标的选择与设计充分考虑了其背后的政策相关性，即每一项指标都尽量与现实的政策背景或政策预期挂钩，尽量为土地管理决策提供直接的有价值信息。此外，指标数据的获取在当前技术条件下都是可行／成本划算的，在同等效能条件下优先选择那些相对易测或简易的指标。

（二）我国土地资源可持续利用评价的思考

第一，加强对土地可持续利用的理论研究。目前，土地可持续利用基础理论探讨基本上以传统土地利用分析理论为主，对土地可持续利用系统结构、功能和演替规律认识与研究尚需进一步深入；在应用理论研究上，对土地可持续利用评价着重于土地适宜性评价的扩展，土地可持续利用中"持续性"和"时间尺度的延伸"等方面尚显不足；土地可持续利用的目标要求研究人员必须开展国际合作和多学科协作，以提高解决生态、经济与社会的综合问题的能力，在稳固的国际合作的框架内逐步开展研究内容；应加强对土地可持续利用空间格局评价的理论研究。

第二，加强对土地可持续利用评价指标的研究。当前，针对区域性土地持续利用，需要构建一个更为精细化的评价指标体系，这一体系不仅要能够科学、精准地反映不同土地利用方式对持续性目标的贡献，还需特别关注多用途土地在区域发展中的综合效应。此外，面对土地可持续利用中目标、价值和技术等难以量化的挑战，需要寻求创新的方法论，以跨越不同文化背景和理解层次的障碍，实现知识的有效整合和表达。同时，为了全面评估土地利用的持续性，自然、社会、经济三个维度的指标必须被纳入考量。这些指标应包含状态指标、心理指标及其他外在性指标，以全面反映土地利用的多元影响。在研究中引入"时间因素"是确保评估结果动态性和前瞻性的关键，因此，构建适宜的监测框架系统，并将实际数据与期望值进行对比分析，对提升评估的科学性和准确性至关重要。

第三，加强对土地可持续利用评价技术方法的研究。在评价技术方法方面，应加大新技术在土地可持续利用研究中的应用力度。例如，"3S"技术能够为数据的获取和分析提供强大的支持，而数字高程模型（DTM）则有助于在景观尺度上模拟微观土地利用变化过程。此外，地理信息系统（GIS）在土地可持续利用数据库的建立中发挥着核心作用，为研究提供了坚实的数据基础。通过模型模拟土地质量变化数据，结合作物生长和微观物质的动态仿真，可以深入研究土地可持续利用模式的替代效果。同时，结合定性与定量分析方法，利用线性规划和多目标交互式规划技术，对土地可持续利用目标进行量化，有助于更准确地评估不同情景下的土地利用效果。综合性研究思路的探讨也是有必要的。这种综合性研究应涵盖驱动力、尺度、方法和理论等多个方面，以实现研究的全面性和深入性。通过整合不同领域的知识和方法，可以为土地可持续利用研究提供更加丰富的视角和工具，推动该领域研究的不断进步和发展。

在当前全球背景下，中国作为一个拥有庞大人口基数和资源的相对紧缺发展中国家，正处于前所未有的快速发展阶段。因此，深入研究土地持续利用，对于国家长远发展而言具有无可替代的战略意义。借鉴国外在土地可持续利用方面的先进经验和研究成果，无疑能够加速我国相关领域的研究进程，但在这一过程中需保持审慎和批判性思考。发达国家在可持续发展领域的研究与实践确实为我们提供了宝贵的参考，但必须认识到，这些成果往往根植于它们独特的自然环境、社会环境和经济环境。发达国家的持续利用标准或指标，往往反映了其国内民众的普遍需求和国际贸易利益导向。相比之下，中国拥有与众不同的自然环境、社会结构和经济条件，这些因素共同构成了独特的发展背景。因此，在推进土地持续利用研究时，不能简单照搬国外模式，而应结合我国国情，深入探索适合我国实际的发展道路。这要求依据国家发展战略的优先次序，科学平衡发展与保护之间的关系，确保土地资源的合理利用与保护。同时，应构建一套符合国情、有利于长远发展的土地持续利用指标体系，为我国的可持续发展提供有力支撑。

在构建这一指标体系的过程中，需注重系统性和科学性，确保各项指标能够全面反映土地利用的多个维度和层面。同时，应加强跨学科研究，整合自然科学、社会科学和工程技术等多领域的知识，为土地持续利用提供坚实的理论基础和实践指导。通过持续不懈的努力，我国有望走出一条具有中国特色的土地可持续利用之路，为国家的长远发展奠定坚实基础。

第六章　森林资源环境保护与管理实践

作为地球生态系统的基石，森林资源不仅维系着生物多样性，还承担着碳汇、水源涵养和气候调节等多重生态功能。保护森林资源对于维护生态平衡、促进可持续发展具有关键意义。通过科学管理和合理利用，能够有效防止森林退化，促进森林资源的可持续增长，进而为人类社会提供源源不断的生态服务，实现人与自然的和谐共生。

第一节　森林资源开发与保护

森林是陆地生命的摇篮，是天然制氧机，因此也是生物得以生存的基本保障。森林除生产生物资源外，还有其经济价值和社会价值，并具有极其重要的生态功能。随着经济的发展，人类对森林资源的破坏日益严重，保护森林资源逐渐受到了人们的重视。

森林是地球陆地上最庞大的生态系统，是陆地生态系统的主体。森林不仅提供木材、纤维、水果、树脂、油漆及数以千计的林副产品，而且是所有生态系统中最复杂、最稳定的生态系统。森林能够决定自然界的物质循环、能量循环、自然界的动态平衡、农业和人类的生存环境。森林生态系统对水资源保护、土地资源保护、生物资源保护以及各种生态系统的保护也有重要作用。因此，森林生态系统的保护是陆地生态系统保护的关键。

一、森林生态系统的类型

森林生态系统是森林生物群落与其环境在物质循环和能量转换过程中形成的功能系统。"森林生态系统的多样性变化更多与林下植物多样性变化有关，其结构和功能一般比较复杂。"[①] 森林生态系统简单来说就是以乔木树种为主体的生态系统。

---

① 王洪艳. 氮沉降对森林生态系统的影响研究 [J]. 青海农林科技，2024(1): 52.

（一）热带雨林生态系统

热带雨林的分布区域，主要集中在赤道及其两侧的湿润区域。热带雨林是当前地球上面积最大的森林生态系统，对维持人类的生存环境所起到的作用，在森林生态系统中无疑是最大的。热带雨林面积约占地球上现存森林面积的一半；主要分布在三个区域：①南美洲的亚马孙盆地；②非洲的刚果盆地；③东南亚一些岛屿，邻近我国的西双版纳地区，以及海南岛的南部。

热带雨林主要分布在终年高温多雨的区域，孕育着极为丰富的雨林植被，有着非常复杂的群落结构。就乔木来说，主要分为三层：①高30～40 m，树冠宽广；②高20～30 m，具有树冠长、宽相等的特点；③高10～20 m，树冠锥形而尖，而且生长极密。除此之外，在乔木的下层还有幼树及灌木层，以及稀疏的草木层，或是薄层落叶。在热带雨林中，发达的藤本植物是其重要特色，此外，它还有着地球上最丰富的动物种类。在高温多雨的条件下，有机物质分解快，物质循环强烈，一旦植物被破坏，很容易引起水土流失，导致环境退化而且在短时间内不易恢复，所以，热带雨林的保护是全世界关心的重大问题。

（二）亚热带常绿阔叶林生态系统

亚热带常绿阔叶林生态系统是亚热带季风气候下的产物，主要分布于欧亚大陆东部北纬22°～40°，如我国的长江流域、朝鲜、日本南部、美国东南部、智利、阿根廷、玻利维亚、巴西的部分地区，以及新西兰、非洲的东南沿海等地。

常绿阔叶林主要分布在具有夏季炎热多雨、冬季稍寒冷、四季气候特点分明的区域。相较于热带雨林，常绿阔叶林具有的结构是相对简单的，在高度上也有明显降低。常绿阔叶林的乔木主要分为两层：高20 m左右的第一层，林冠整齐；高10～15 m的第二层，树冠多不连续。常绿阔叶林有稍明显但是较稀疏的灌木层，草木层以藤类为主。常绿阔叶林孕育的藤本植物与附生植物尽管不如雨林繁茂，但仍然很常见。

我国的常绿阔叶林区是承载中华民族经济与文化发展的重要区域，因此，多被开垦为农田，原生的常绿阔叶林仅残存于山地。

（三）暖温带落叶阔叶林生态系统

暖温带落叶阔叶林生态系统主要分布于中纬度湿润的地区，如北美中东部、欧洲及我国温带沿海地区。由于冬季落叶、夏季绿叶，其又被称为夏绿林。

暖温带落叶阔叶林生态系统的气候分布特点是四季分明，夏季炎热多雨，冬季寒冷。这类森林一般有着明显的成层结构，主要分为乔木层、灌木层和草本层。乔木层的组成相对单纯，通常为单优种，有时为共优种；灌木层一般较发达；草本层比较茂密。由于我国的落叶阔叶林多被开垦为农田，是棉花、小麦等农作物的主要产区，因此，仅在山地还残留着原始的落叶阔叶林。

（四）温带针叶阔叶混交林生态系统

温带针叶阔叶混交林生态系统是由针叶树和阔叶树组成的森林生态系统，在我国主要分布于松辽平原以北、松嫩平原以东的广阔山地，南端以丹东为界，北部延至黑河以南的小兴安岭山地。该区域受日本海的影响，具有海洋性温带季风气候的特征。由于纬度较高，所以平均气温较低，表现为冬季长而夏季短。冬季长达 5 个月以上，最低温度多在 -35～-30℃。生长期 125～150 d。年降水量一般为 600～800 mm，降雨多集中在夏季，对植物生长十分有利。

该区域的地带性植被是以红松为主的温带针阔混交林，一般称为红松阔叶混交林，这一类型在种类组成上相当丰富，针叶树除红松外，在靠南的地区还有沙松以及少量的崖柏。阔叶树种主要有紫椴、枫桦、水曲柳等多种树种，林下灌木有毛榛、刺五加、丁香等，藤本植物有猕猴桃、山葡萄、北五味子等。

小兴安岭、长白山等地是我国的主要林区之一，也是目前我国木材的主要供应基地。

（五）寒温带针叶林生态系统

寒温带针叶林生态系统分布于北半球，北纬 45°～70°，在欧亚大陆上，两端直至北美洲，达大西洋沿岸，这样构成了一条连续广阔的环绕地球的林带，这一带北界也是整个森林带的北界。在我国分布于大兴安岭北部山地，是我国木材蓄积量较大的林区之一。

该区域气温低，年均气温多在 0℃以下，夏季最长仅一个月，最热月平均 15～22℃，冬季长达 9 个月以上，最冷月平均 -38～-21℃，绝对低温达 -52℃，年降水量为 400～500 mm，集中在夏季降落。

二、森林与生态系统的关系

（一）保护水资源

生态系统的蓄水保水功能是由地上植被和土壤共同作用决定的。在生态系统中，森林的蓄水保水功能最强。在有森林的地区，日降水量达到 30 mm 时没有水流出，日降水量达到 55～100 mm 时，3 d 后会有细水流出。年降水量达到 1 200 mm 时，有森林的地区仅有 50 mm 的水消失，而在各种条件相同的情况下，没有森林的地区会有 600 mm 的水消失。

森林储蓄降水的作用主要表现为缓解旱涝等极端情况，从而减轻旱涝灾害的危害，人们对森林这种作用的认识却是通过反面教训得到的。

（二）保护土壤资源

雨水和风是侵蚀土壤的主要自然力。水土流失会引起水分流失、降低土壤肥力，使土壤退化，降低土壤的生物生产能力；地面变形，沟道切割，使地面破碎，使土地的使用价值降低；水土流失还会堵塞河道、水库和湖泊，使其发电、蓄水能力下降。

森林中的植物的冠盖能够有效拦截雨水，降低雨水对土壤的直接溅蚀力；森林中的植物还能阻截径流并蓄积水分，减少水分下渗和径流冲刷，植物的根系能够分泌有机物使土壤胶结土壤，从而变得更加坚固，更耐受冲刷；森林中植物发达的根系会使土壤更加疏松，提高雨水的下渗能力。

（三）调节大气成分

氧气是维持人类生命的必要条件，人体每时每刻都要吸入氧气，呼出二氧化碳。

森林在生长过程中会吸入二氧化碳，释放氧气。森林中植物的叶子通过光合作用能够产生葡萄糖并消耗空气中的二氧化碳。在植物生长旺盛的季节，1 hm^2 的阔叶林每天能吸收 1 000 kg 的二氧化碳，并产生 750 kg 的氧气。全球的森林每年能够吸收将近 100 万亿 kg 的二氧化碳，产生空气中 60% 的氧气，同时能够吸收大气中的悬浮颗粒物，从而提高空气质量，并且减少温室气体的排放，缓解大气热效应。

森林中绿色植物的光合作用是使地球大气成分保持平衡的重要机制。树木在光合作用中每吸收 44 g 二氧化碳可以产生 32 g 氧气。森林也是地球生物圈的重要组成部分，其生物量占地球全部植物生物量的 90% 左右。此外，森林还是地球主要的储碳库。热带森林及其土壤中的含碳量是普通农田的 20～100 倍。

工业发展排放的烟灰、粉尘、废气严重污染空气，威胁人类的健康。但林木能在低浓度的范围内吸收各种有毒气体，使污染的空气得到净化。许多植物种类能分泌出有强大杀菌功能的挥发性物质——杀菌素。林木对大气中的粉尘污染能起到阻滞过滤作用。一般来说，林区大气中飘尘的浓度比非林地区低。除此之外，森林也具有非常强的污水净化能力，污水穿过 40 m 左右的林地，一般可以减少水中细菌含量的一半；而后随着流经林地距离的增大，污水中的细菌数量最多可减少 90%。

总之，这种具有多种功能的森林资源，能为人类提供的效用及其蕴含的内在潜力是无限的，其价值也是无法估量的。

三、森林生态环境保护的途径

（一）扩大森林资源总量

1. 加快推进林业重点工程建设

进入 21 世纪后，党中央、国务院决定在十几年内投资数千亿元，全面启动退耕还林、天然林资源保护、京津风沙源治理、"三北"及长江流域等防护林体系建设工程、重点地区速生丰产用材林基地建设工程、野生动植物保护及自然保护区建设工程六大林业重点工程，形成了全面推进生态建设的新格局。

天然林的保护工程要做好全面规划工作，制定工程延续建设规划，对有关的政策进行完善。在退耕还林工程中要注意巩固已经取得的成果，保证荒山造林工程和封山育林工程稳步推进。沿海防护林的建设要将防灾减灾作为中心，对加宽基带干林进行修复，并形成纵深防护林网络。在注重提高长江防护林、珠江防护林、太行山绿化、平原绿化等工程的质量效益的同时，要开启新的工程，结合地方特色建设重点项目。

2. 进一步加快城乡绿化步伐

我国城市化进程不断加快，当前很多城市在建设过程中追求"让森林走进城市，让城市拥抱森林"。许多城市建设坚持"城区园林化，郊区森林化，道路林荫化，庭院花园化"的城市森林建设目标。这些工程将城乡接合部和城市郊区作为重点，大力建设环城生态林带、环城绿化带和隔离地区绿化，提高城市的绿化水平。

在城市绿化工程的建设过程中坚持"以人为本"的理念，将市民的休闲活动作为城市绿地和公园建设的重点考虑内容，使其功能最大化。

村屯绿化应当从保护农田、改善农村生活环境入手，做好植树、农田林网和村屯绿化美化工作，建设有鲜明特色的、示范效果好的绿化示范村。

（二）落实森林资源保护

1. 实施天然林保护工程

我国实施天然林保护工程的内容是将长江、黄河中上游生态环境脆弱地区划为由禁伐区和缓冲区组成的生态保护区，森工企业转向营林保护，严格管理禁伐区，停止采伐禁伐区树木，调整缓冲区的天然林采伐量，加大保护森林资源的力度，大力建设营造林，对多种资源进行综合利用，调整并优化能源结构。

2. 实施森林防火工程

有关部门应认真落实《森林防火条例》，稳步推进实施《全国森林防火规划》，做好火险预警、航空消防、防火道路、林火阻隔等基础设施建设。有关部门应引进防火、灭火设备，提高综合防控水平，避免重大火灾和人员伤亡事故的发生。

3. 实施林业有害生物防治工程

认真实施《全国林业有害生物防治建设规划（2011—2020 年）》，做好松材线虫、美国白蛾、鼠兔害等重大危险性林业有害生物防治。同时建设公共服务体系，落实各个部门的责任，进行联合防治。

（三）建立健全投入保障机制

建设以公共财政体系为主要支撑的林业投入体系。坚持"分类、分级、突出重点、加大扶持"的原则，将林业投入体系纳入政府的公共财政，并进行合理的定位。此外，健全以多渠道融资为辅的林业投入机制。对森林生态效益进行补偿，尤其是对从中央到地方的分级的森林生态效益补偿制度进行健全和完善。同时，探索森林生态效益市场化，形成面向社会的森林生态效益补偿机制。

（四）扩大林业对外开放

第一，对林业应对气候变化的措施进行完善。建设森林恢复与可持续管理网络并开展造林项目。

第二，实施林业对外合作战略。积极开展海外森林开发和海外林产品市场，与世界银行、亚洲开发银行、欧洲投资银行等国际金融组织合作，吸收国外资金、技术和经验，提高林业建设和管理水平。

第三，提高林业国际合作的主导力。主动参与林业国际合作事务，积极履行国际公约，承担国际义务，参与国际林业规则的制定，积极维护国家利益。正确处理非法采伐等国际林业热点问题和林产品贸易摩擦等问题，做好林业宣传工作，提高我国林业的国际影响力。

第二节　森林分类管理与生态补偿机制

一、森林分类管理

（一）森林分类经营的意义

森林分类经营是在社会主义市场经济体制下，根据社会对林业生态效益和经济效益的两大要求，按照对森林多种功能主导利用的不同和森林发挥两种功能所产生的"产品"的商品属性和非商品属性的不同，相应地把森林划分为公益林和商品林，并按各自特点和规律，建立相应的管理体制、经营机制、投入渠道和发展模式，最大限度地满足经济社会和人民物质文化生活的需要。

基于全国森林分类区划界定成果，各地普遍实施了分类经营。其意义如下。

第一，森林分类经营有利于林业"两大体系"建设。我国林业发展的目标是建立比较完备的林业生态体系和比较发达的林业产业体系，森林分类经营中的商品林建设主要就是产业型林业建设；公益林建设主要就是生态型林业建设。

第二，森林分类经营有利于森林资源的优化、配置。实行森林分类经营可以合理配置林种结构，做到既能按市场需要组织林业生产、维护生态效益，又能较好地解决林业作为物质产业部门和公益事业双重功能的矛盾，满足社会对森林不同功能的多样性需求，从而实现社会经济与自然环境协调持续发展。

第三，森林分类经营是森林可持续发展的重要保障。森林分类经营能最大限度地解放林地生产力，为森林资产产业化管理、发展林能产业创造条件。同时，将少量有限的资金用于商品林的培育，缩短培育周期，有效化解木材供需矛盾。

第四，森林分类经营是林业改革、创新的重要举措。实行森林分类经营，建立生态公益林体系和林业产业体系，是现代林业经营管理的新体制、新措施。它对理顺政府、社会各部门、林业企业及个人对森林的责、权、利关系，以及对林业经营模式转变具有重要作用。

第五，实行森林分类经营是实现两个根本性转变的需要。改革开放、发展市场经济，林业部门、林业企业投入有限，林业发展滞后步履维艰，而生态公益效益又得不到补偿，造成生态型林场的贫困化，难以维持简单再生产。实行森林分类经营，政府投入建设生态公益林，社会投入发展商品林，可全面促进林业大发展。

（二）森林分类区划界定

森林分类区划界定是实施林业分类经营和全面实行森林生态效益补偿制度的基础性工作，是国家与林业经营者、生态环境建设者和受益者利益分配关系的一次大调整，是建立和落实森林生态效益补偿制度的基础条件，是进一步深化林业经济体制改革的切入点和突破口。"森林分类经营类型区划应该在林业分类经营的基础上，按照社会主义市场经济和林业可持续发展的需要，确定出合理的林区土地利用结构，以适应林业产业结构调整的需要。"通过分类经营、分类管理、分类指导，逐步建立新型林业发展模式和运行机制，定向培育森林，提高林分质量，实施可持续经营，对国土生态安全、生物多样性保护和经济社会可持续发展具有重要意义。

森林分类区划界定工作是指依据森林分类体系，将林种划分按照一定的原则和要求，以一定面积的地域为单位，逐一落实小班或地块，并通过合法程序，经政府批准，以签订合同等规范形式确定有关各方的责、权、利关系。其目的是将各林种落实到山头地块，实施分类经营、用途管制，调整和优化林地，利用空间布局统筹规划公益林地与商品林地。实行分区差别管理，严格保护公益林地，分级保护管理；优化商品林地，保障木材及林产品供给。

二、森林生态补偿机制

（一）政策法律机制

"森林生态补偿法律制度的建设和完善重点在于立法。健全的法律法规是森林生态补偿能够顺利进行的制度依据和保障。"[①] 规范生态补偿法律制度，完善补偿政策体系，使森林生态效益补偿有法可依、有法可循，确保补偿资金全部用于公益林保护、培育和管理。加大公共财政转移支付补偿力度，在财政补偿机制的基础上，积极拓展多元化的补偿融资渠道，逐步建立森林生态效益的市场补偿机制；探索向森林生态效益的直接受益者征收森林生态效益补偿费用。统一补偿标准，体现公平和效率，优化公益林补偿资金管理，提高行政效率，保障资金安全运行和林权制度改革顺利推进。

（二）保护管理机制

逐步建立由林业部门建档造册、财政部门审核监管、金融部门建账支付、补偿对象核准签收的补偿资金发放管理机制，确保资金发放到户，确保林农利益不被侵占。遵循森林自然演替规律，封、造、补、抚、管相结合，以天然更新为主，辅以人工促进天然更新，建设成树种多样、结构合理、功能齐全的生态公益林，以长期稳定地发挥生态效益和社会效益。

（三）公众参与机制

综合协调林业、农业、环保、财政、地方政府等部门，加强部门之间的合作，落实好森林生态补偿，充分发挥有限补偿资金的效益，事半功倍。加强生态补偿的科普、宣传、教育，增强公众的环境保护和生态补偿意识，充分认识森林生态效益补偿政策以及责、权、利分配，调动公众主动参与保护、建设生态的积极性，增强补偿费交纳的自觉性。

（四）资金筹措机制

积极探索生态公益林补偿资金筹措渠道，主要有以下几个方面。

---

① 马友佳. 我国森林生态补偿法律制度研究 [J]. 林业调查规划，2023，48(6): 31.

第一，加大财政投入和财政转移支付力度。

第二，拓展多元化融资渠道，包括公众募集、补偿费或保险金征收及特许权投融资等。

第三，建立生态税制度等，拓宽补偿资金渠道。

（五）培育利用机制

在切实保护生态公益的同时，鼓励林农开展公益林的非木质利用，发展林下多元经济，充分发挥公益林的生态效益和经济效益。强化生态公益林区内的荒山荒地、火烧迹地等宜林地造林绿化，限期恢复森林植被；对于生态保护功能低下的疏林、残次林、低效林分，应当进行补植和封育改造，逐步增强生态公益林的生态保护功能。

第三节　森林保险及其资源资产化管理

一、森林保险

（一）保险标的

凡是防护林、用材林、经济林等林木及砍伐后尚未集中存放的圆木和竹林等符合保险条件者，均可参加森林保险。

（二）保险责任

我国森林在生长期遇到的主要灾害有以下五种。

第一，火灾。森林火灾是世界性的最大森林灾害。森林火灾按起火原因可以分为两类：一是人为火；二是自然火（雷击）。大多数森林火灾是人为原因引起的。

第二，病虫害。森林病虫害的种类繁多，据有关部门资料统计有数千种，近年来松毛虫是林业中的第一大害虫。病虫害对林木及其果叶产品所造成的损失很难估算，因此对病虫害目前暂不承保。

第三，风灾。对中成林和各种果树林危害较大，往往形成大面积的折枝拔根而造成巨大灾害。

第四，雪灾。冬季山区连降大雪，树枝上挂满了长长的冰凌，从而使树茎重量过大，造成树顶或主枝折断，影响树木正常生长。雪灾主要危害杉林和竹林。

第五，洪水。由于山洪或河道决口，造成树木的倒伏或埋没。在理论上，森林的各种意外事故和气象灾害都是可以承保的。

实际上，我国森林保险责任覆盖越来越广，森林风险的保障水平不断提高。森林保险已涉及火灾、暴雨、暴风、洪灾、涝灾、泥石流、滑坡、冰雹、霜冻、台风、暴雪、雨凇、雪凇、雨雪冰冻、林业有害生物灾害、干旱、热带气旋、龙卷风、雷击、低温、沙尘暴、干热风和地震 23 种类型。但由于此项业务开办时间不久，各地的做法不尽相同。

（三）保险金额

1. 按蓄积量确定保险金额

林木蓄积量 = 单位面积上立木蓄积量 × 总面积

保额 = 总蓄积量 × 木材价格

按蓄积量确定保额时，其木材价格应使用国家收购的最低价格，赔款时应扣除残值。

2. 按造林成本确定保险金额

按造林、育林过程中投入的物化劳动和活劳动来计算保险金额，一般包括：树种费，整地、移栽费，材料、运输费，设备、防护、管理费等。由于森林是经过多年生长形成的，其成本也是逐年增加的，所以其保额呈倒金字塔形，可以分成若干档次计算保险金额。

二、森林资源资产化管理

（一）森林资源资产评估

森林资源资产是一种资源性资产，是自然资源资产的重要组部分，主要包括森林、林木、林地和森林景观资产。森林资源资产既是经济建设和生产生活所必需的重要物质基础，也是生态系统的重要组成部分。它以森林资源为内涵，通过交易或事项能够被所有者和经营者拥有与控制，并预期能够给所有者和经营者带来经济利益。

森林资源资产评估是指评估人员依据相关法律、法规和资产评估准则，在评估基准日对特定目的和条件下的森林资源资产价值进行分析、估算，并发表专业意见的行为和过程。森林资源资产评估是对森林资源资产进行的价值判断，是为林业产权流转提供价格参考依据，社会全面认识森林资源价值的重要手段。森林资源资产评估也是对林农利益的一个基本保障。

森林资源资产评估与一般的资产评估相比较，既有共性又有其特殊性。其共性表现为森林资源资产评估具有一般资产评估的特点，即政策性、技术性、专业性、时效性、规范性、公正性、权威性、责任性和风险性。特殊性在于森林资源资产评估是一种动态的市场化的社会经济活动。

森林资源资产具有的可再生性、系统性、复杂性和功能的多样性等，决定了森林资源及其资产评估的技术性很强。它要求评估人员不仅要有丰富的资产评估相关知识和经验，同时还要具备森林资源调查、林业生产经营与管理以及生态环境和自然景观等多方面的专业知识与技能。

森林资源资产评估需求的日益多样化，使森林资源资产评估业务在广度和深度上不断拓展，特别是资产评估行业基础理论和技术的发展都要求对森林资源资产评估理论和技术方法不断完善，以满足森林资源资产评估工作的实际需要。科学规范地开展森林资源资产评估，既是顺利实现我国林业产权改革目标的关键，也是建设生态文明、实现森林资源资产协调可持续发展的重要保障。

（二）森林资源资产抵押

森林资源资产抵押是指森林资源资产权利人不转移对森林资源资产的占有，将该资产作为债权担保的行为。可用于抵押的森林资源资产为商品林中的森林、林木和林地使用权。

1. 可作为抵押物的森林资源资产

（1）用材林、经济林、薪炭林。

（2）用材林、经济林、薪炭林的林地使用权。

（3）用材林、经济林、薪炭林的采伐迹地、火烧迹地的林地使用权。

（4）国务院规定的其他森林、林木和林地使用权。

森林或林木资产抵押时，其林地使用权须同时抵押，但不得改变林地的属性和用途。

2. 不得抵押的森林、林木和林地使用权

（1）生态公益林。

（2）权属不清或存在争议的森林、林木和林地使用权。

（3）未经依法办理林权登记而取得林权证的森林、林木和林地使用权（农村居民在其宅基地、自留山种植的林木除外）。

（4）属于国防林、名胜古迹、革命纪念地和自然保护区的森林、林木和林地使用权。

（5）特种用途林中的母树林、实验林、环境保护林、风景林。

（6）以家庭承包形式取得的集体林地使用权。

（7）国家规定不得抵押的其他森林、林木和林地使用权。

森林资源资产抵押担保的范围由抵押人和抵押权人根据抵押目的商定，并在抵押担保合同中予以明确。

　　森林资源资产抵押担保的期限由抵押双方协商确定，属于承包、租赁、出让的，最长不得超过合同规定的使用年限减去已承包、出让年限的剩余年限；属于农村集体经济组织将其未发包的林地使用权抵押的，最长不得超过 70 年。

第七章 生态工程与生态修复设计

生态工程与生态修复设计在环境保护领域扮演着至关重要的角色。它们通过模拟自然生态系统的结构与功能，运用工程技术手段，旨在恢复受损生态系统的健康状态，并增强生态系统的服务功能。这一领域的研究不仅关注生态系统的物质循环与能量流动，还强调生态系统的稳定性与可持续性。通过实施生态工程，结合生态修复设计，可以有效促进生物多样性的恢复，提高生态系统的自我修复能力，为人类社会与自然的和谐共生提供有力支撑。

第一节 生态破坏的原因及类型

生态系统是人类生存和发展的基础，人类活动及自然灾变等引起的生态破坏已经对人类的生存和发展构成了严重威胁。生态破坏是指自然因素和人为因素对生态系统结构与功能的破坏，导致生态系统结构变异、功能退化、环境质量下降等后果。

一、生态破坏的原因

（一）生态破坏的自然因素

对生态系统产生破坏作用的自然因素包括地震、台风、海啸、火灾、洪水、泥石流、火山爆发和虫灾等突发性灾害。这些灾害可在短时间内对生态系统造成毁灭性的破坏，导致生态系统演替阶段发生根本逆转而且较难预防。

1. 地震

地震是指地球内部介质局部发生急剧破裂，产生地震波，从而在一定范围内引起地面震动的现象。地震不仅会导致建筑物破坏，而且能引起地面开裂、山体滑坡、河流改道或堵塞等，进而对地表植被及其生态系统造成毁灭性破坏。

2. 台风

台风是一种发生在热带海洋上的强大涡旋，其特征在于带来暴雨、大风、暴潮等，还可能引发次生灾害如洪水、滑坡等。其中，大风和暴潮对沿海地区的危害最为严重，常常造成巨大的破坏。

3. 海啸

海啸是一种毁灭性的自然灾害，其产生原因多种多样，包括海底地震、火山爆发、海底塌陷、滑坡、小行星坠落，甚至海底核爆炸等。其特点在于具有超大波长和周期，一旦接近岸边，波速变小，波幅骤增，形成巨大的"水墙"，波高可达 20～30 m，给沿岸建筑、人畜生命和生态环境带来毁灭性危害。

4. 火灾

火灾作为一种自然灾害，主要表现为森林火灾。其突发性强，危害极大，不仅破坏林业发展，也严重破坏生态环境，引发水土流失、土壤贫瘠、地下水位下降等次生自然灾害，给人们的生活和生存环境带来严重威胁。因此，对于各种自然灾害，人们需要提前做好防范准备和应对措施，以尽量减少灾害带来的损失。

5. 洪水

洪水是造成经济损失最重的自然灾害之一，其主要引发原因是暴雨，常常导致山崩、滑坡、泥石流等地质灾害，进而引发洪水，给人们的生命和财产带来极大的威胁。

6. 泥石流

泥石流具有冲刷、冲毁和淤埋等作用，可改变山区流域生态环境。高山区泥石流沟口一般位于森林植被覆盖区，大规模的泥石流活动毁坏沿途森林植被，造成水土涵养力降低，加速水土流失、环境恶化，部分地段形成荒漠。同时，泥石流活动还改变局部地貌形态。

7. 火山爆发

火山岩浆所到之处，生物很难生存。不仅火山爆发时喷出的大量火山灰和二氧化碳、二氧化硫、硫化氢等气体，会造成空气质量大幅下降，形成酸雨损害植物和建筑物，同时火山物质会遮住阳光，导致气温下降。火山灰和暴雨结合形成泥石流，破坏山体植被。火山爆发过后，生态系统破坏严重，区域内出现原生演替。

8. 虫灾

草原、农业、林业均受到虫灾威胁。虫灾主要有森林虫灾（包括结构单一的经济林虫灾）和农作物虫灾两种。由于虫灾都是大面积暴发，同时害虫种类也在日益增多，所以目前在对虫灾的控制治理方面仍存在不少难题。在我国，一些常灾性害虫如马尾松毛虫、天牛等每隔数年就大规模暴发一次，危害性极大。

（二）生态破坏的人为因素

生态破坏的根本是人为活动，其驱动力超过了自然因素。人类的行为干扰了自然生态系统，加速了其退化过程，并将潜在的退化转化为破坏，涉及个体、种群、群落和生态系统等多个层面。生态破坏的人为因素包括环境污染、过度放牧、疏干沼泽、乱砍滥伐、围湖围海、物种入侵以及全球变化等。

1. 环境污染

环境污染主要包括大气污染、水污染和土壤污染等。大气污染如酸雨、温室效应和臭氧空洞扩大等，不仅对人类健康造成严重危害，而且对植被、生态系统也会产生破坏，可导致森林植物被毁、植被退化；可使农作物减产，甚至颗粒无收；可使海洋生物大量死亡，甚至造成某些生物绝迹。大量污水排入河流、湖泊及海洋，可导致水体富营养化、水华和赤潮暴发频繁，水生生态系统退化。土壤污染可导致土壤功能退化，农产品产量和质量严重下降。环境污染造成的生态破坏已经严重威胁到人类的生存质量和可持续发展。

2. 过度放牧

过度放牧不仅直接引起草原植被退化、生物多样性下降，而且还可引发土壤侵蚀、干旱、沙化、鼠害和虫害等。过度放牧造成的生态破坏经常是难以逆转的。例如，草场的荒漠化是我国沙尘暴产生的关键因素之一，不仅严重影响退化牧区的可持续发展，同时也导致邻近区域的环境质量下降。

3. 疏干沼泽

沼泽湿地被称为地球之肾，在涵养水源、调节水文、调节气候、防止土壤侵蚀和降解环境污染等方面起着极其重要的作用。排水疏干沼泽湿地可导致沼泽旱化，沼泽土壤泥炭化、潜育化过程减弱或终止，土壤全氮及有机质大幅下降；可导致沼泽植被退化，重要水禽种群数量减少或种群消失，最终导致湿地生态系统结构退化、功能丧失。

4. 乱砍滥伐

人类对木材、薪柴的需求和耕地及居住地等的需求不断增加，导致对森林的乱砍滥伐。乱砍滥伐一方面可引起森林面积迅速减少、生物多样化丧失；另一方面可造成水土流失、生态服务功能下降乃至地区及全球气候变化等环境问题。

5. 围湖围海

基于生产生活用地的需要，人类通过各种工程措施围填河湖海洋，直接改变了河湖海洋水域生态系统的基本特征。围湖造田不仅加快湖泊沼泽化的进程，使湖泊面积不断缩小，还侵占河道，降低了河湖调蓄能力和行洪能力，导致旱涝灾害频繁发生，水生动植物资源衰退，湖区生态环境劣变，生态功能丧失。

6. 物种入侵

物种入侵是指某种生物从外地自然传入或经人为引种后成为野生状态，并对本地生态系统造成一定危害的现象。外来物种成功入侵后，侵占生态位，挤压和排斥土著生物，降低物种多样性，破坏景观的自然性和完整性。土著生态系统退化也为外来物种入侵创造了条件，例如，撂荒地、污染水域和新开垦地等都是外来物种易入侵的地方。

7. 全球变化

全球变化是指由于自然因素或人为因素而造成的全球性环境变化，主要包括气候变化、大气组成变化（如二氧化碳含量及其他温室气体的变化），以及由于人口、经济、技术和社会的压力而引起的土地利用的变化。全球变化可使全球生态系统受到影响，使极端灾害事件频繁发生，从而导致大范围的生态破坏。例如，全球气候变化可导致植被带分布出现位移、病虫害散布，等等。

二、生态破坏的类型

根据生态系统中主要生态因子遭受破坏的状况，可以将生态破坏划分为水域退化、植被破坏和土壤退化等。

（一）水域退化

水域退化包括由人为因素及自然因素造成的河流生态退化、湖泊水库富营养化、海洋生态退化和湿地生态退化等。水域生态退化表现在水域生态系统结构退化、功能下降、水体环境质量下降等方面，严重制约水域功能的实现。

1. 水质恶化

水质恶化是指水体环境质量下降，水生生态系统结构和功能退化，不能满足水体的正常功能，水生态平衡被破坏等现象，如富营养化引起的赤潮、水华等。湖泊水华频发，不仅影响湖泊水环境质量，而且影响水体生态安全；海洋赤潮暴发不仅对海洋生态系统产生威胁，而且对近海海域经济发展和生态安全构成较大的制约。

2. 水文条件异常

水文条件是水域生态系统的关键控制因子，水文条件异常将导致水域生态系统的演替趋势偏离。各种人为因素和自然因素均影响水域的水文条件，并对水域生态系统产生重大影响。例如，过水性湖泊洪泽湖、洞庭湖等，由于水文条件变化，在水位较高的年份（尤其春季水位较高的年份），湖泊水深加大，透光层变浅，水底的植物因难以萌发生长而退化。

3. 生态系统结构破坏

水域生态系统结构的破坏包括生物多样性下降、物种暴发和物种灭绝等。湖泊水域萎缩可使水生生物量及其种类构成发生变化。水域萎缩会直接危及鱼类的栖息、产卵和索饵的空间，使得鱼类种群数量减少，种类组成趋向简单。同时，水域破坏也导致大量物种灭绝。我国各大水域破坏严重，大量水生动物物种濒临灭绝或已经灭绝。

4. 生态功能退化

水生生态系统结构退化进一步引发了生态功能退化，表现为生产力下降、水产品质量下降和景观功能下降等。例如，发生富营养化的水体水质恶化、水体腥臭、鱼类及其他生物大量死亡，某些藻类能够分泌、释放有毒性的物质对其他物种产生毒害，不仅直接影响湖泊供水水质、水体景观，而且会影响水域其他经济活动。在污染的水体中，一些耐污的生物数量会猛增，而一些非耐污的优质鱼类等经济水产种类会大量减少甚至消失，使得水产养殖的经济效益大幅下降。

（二）植被破坏

按照生态系统类型，植被破坏可分为森林植被破坏、草地退化和水生植被破坏。

1. 森林植被破坏

森林是地球表层最重要的生态系统，每年生产的有机物质约占陆地有机物质生产总量的 56.8%。森林植被不仅为人类提供丰富的林产品和生产资料，与人类的生活及经济建设密切相关，还具有涵养水源、保持水土、防风固沙、保护农田、调节气候、净化污染等重要的生态功能。

（1）森林面积减少。全球森林每年净减少面积高达 730 万 hm^2，平均每天有 2 万 hm^2 森林消失。

（2）森林植被组成变化。我国暖温带落叶阔叶林带原始植被几乎被破坏殆尽，目前多为天然次生植被和栽培植被。20 世纪 70 年代以来，我国在北方种植大量杨树，南方则以松、杉、竹为主，品种单一，抗病抗虫能力差，经常出现大规模的病虫害事件。

（3）森林植被景观破碎化。景观破碎化可引起斑块数目、形状和内部生境等多方面的变化，不仅会给外来种的入侵提供机会，改变生态系统结构、影响物质循环、降低生物多样性，还会降低景观的稳定性，破坏生态系统的抗干扰能力与恢复能力。

（4）森林植被功能丧失。森林植被生产力降低，生物多样性减少，调节气候、涵养水分、保育土壤、营养元素能力等生态功能明显降低。物种单调的生态系统与生物多样性丰富的自然生态系统相比，植物生物量的生产水平下降 50%。

（5）森林植被利用价值下降。森林植被被破坏后往往导致一些速生种和机会种占据优势地位，木材品质下降。我国暖温带一些材质优良的落叶阔叶树种，已经被一些速生树种取代，如北方常见的白杨、泡桐。南方的常绿阔叶林也被一些速生的针叶林取代，如马尾松、水杉等。传统的名贵木材已经很难见到自然林，现在我国的名贵家具用材主要靠进口，也会对出产国植被造成破坏。

2. 草地退化

草地退化是指草原生态系统在不合理人为因素干扰下进行逆向演替，出现植物生产力下降、质量降级和土壤退化，动物产品质量和产量下降等现象。

（1）草地面积减少。由于过度放牧、人类活动等对草地的侵占，全世界草原有半数已经退化或正在退化，我国草地面积逐年缩小，退化程度不断加剧。

（2）草地植被组成变化。由于过度放牧，优质牧草减少，而杂草和毒草的数量增加。草丛变得稀疏，导致产草量下降。特别是青海湖南部草场，其草地严重退化，毒草和不可食杂类草的比例高达20%。这种植被组成的变化不仅降低了草地的生产力，也增加了草地生态系统的脆弱性。

（3）草地植被景观破碎化。草地植被的破碎化逐渐导致了沙漠化和荒漠化。这种破碎化不仅影响了植被的连续性和完整性，也削弱了草地生态系统对风蚀和水蚀的抵抗能力，加速了土地退化的过程。

（4）草地土壤退化。随着草地植被的退化，草地土壤的有机质含量和氮素含量下降。这种变化不仅影响土壤的肥力和养分供应，还引起了土壤动物和微生物组成的变化，降低了土壤生物多样性。同时，土壤通透性减弱、持水量下降，加剧了草地生态系统的脆弱性。

（5）草地植被利用价值下降。过度放牧导致优质牧草减少，优质牧草再生产能力下降。而低适口性的牧草则成为草地的主要组成部分，导致草地利用价值下降，从而影响了畜产品的数量和质量。

3. 水生植被破坏

水生植被是水域生态系统的重要初级生产者和水环境质量调节器，分布于江河湖库及近海海域水体中，由挺水植物、漂浮植物、浮叶植物与沉水植物等水生湿生植物组成。

（1）水生植物面积减少。水体污染、过度养殖及水面围垦等，导致水生植被分布面积缩小。

（2）植被组成变化。污染及水环境质量下降导致一些不耐污种类逐渐消失并灭绝，耐污种类滋生。

（3）植被景观破碎化。由于人类活动干扰，如围垦造田、水产养殖和修路筑坝等，水陆交错带绵延成片的湿地植被景观出现严重的破碎化，无论是沿海的红树林、碱蓬等盐沼植被，还是江河两岸的芦苇等湿地植被，多数已百孔千疮、溃不成片。

（4）植被功能丧失。水生植被可吸收分解水中的污染物，控制藻类生长，为水生动物提供适宜的生存环境等。由于污染等因素，水生植物退化甚至消失，水体"荒漠化"，水体自净能力下降。水陆交错带的湿生植被具有拦截泥沙、吸收分解污染物等功能，同时还能够为动物提供食物来源和栖息环境，随着湿生植被的退化甚至消失，其环境生态功能也随之丧失。

（5）植被利用价值下降。不少水生植物是重要的食物资源和工业原料，如一些水生蔬菜和海洋大型藻类，水生植被破坏不仅直接导致植物性水产品的种类、产量下降，还导致以水生植物为食的水生动物产量和品质的下降。

（三）土壤退化

土壤退化是指土壤肥力衰退导致生产力下降的过程，反映了土壤环境和理化性状的恶化。其主要特征包括有机质含量下降、营养元素减少、土壤结构破坏、土壤侵蚀、土层变浅、土体板结、土壤盐化、酸化和沙化等现象。有机质含量的下降在这些表征中起着主要的标志作用。有机质的降低不仅影响土壤的肥力，还降低了土壤的保水保肥能力，使其对植物生长的支持能力减弱。此外，土壤结构的破坏和土壤侵蚀也是土壤退化的重要表现，导致土壤肥力丧失，甚至形成荒漠化地区。

1. 土壤退化类型

土壤退化类型分为六大类，涵盖土壤侵蚀、土壤沙化、土壤盐化、土壤污染、土壤性质恶化以及耕地的非农业占用等方面。这种细分为研究土壤退化提供了更为明确的框架和分类标准，使得针对不同类型土壤退化的治理和修复工作更加精准与有效。在这六大类下，又划分出 19 个二级类型，从更细致的视角考察土壤退化问题。

2. 土壤退化的后果

（1）物理特性退化。土壤物理特性包括土体构型、有效土层厚度、有机质层厚度、质地、容量、孔隙度、田间持水量和储水库容等。退化土壤土层浅薄，土体构型劣化，导致土壤水、肥、气、热条件的恶化，有效土层明显减少，储水库容下降，抗旱能力下降。

（2）化学特性退化。土壤化学特性是指土壤中化学元素的含量及其形态分布，主要有 pH、有机质、全氮、全磷、全钾、速效磷、速效钾、阳离子交换量、交换性盐基、化学组成和交换性铝等指标。土壤退化导致土壤肥力状况和土壤质量普遍下降，有机质贫乏，黏粒流失，阳离子交换量下降，供应营养元素的缓冲能力下降。

（3）生物学特性退化。土壤生物学特性包括土壤酶活性、土壤动物群落组成和土壤微生物群落组成等。退化土壤中，与土壤肥力相关的酶活性下降、土壤动物群落和土壤微生物群落多样性下降、生物量下降。

第二节　生态工程的设计框架

一、生态工程设计的原则

环境生态工程是指人工设计的一个生物群落、一个生态系统或一个更为宏观的地域性的生态空间，以生物种群为主要结构成分，人为参与调控，并实现一定功能的环境治理、修复工程。因此其在设计与实施上需要遵循以下原则。

（一）因地制宜原则

因地制宜原则是指紧紧围绕当地的生态环境和社会经济的具体情况，进行环境生态工程的设计。环境生态工程的基础是生态环境系统的运行，而生物的生存与繁衍不仅受到其所处的生态环境的制约，也受到当地生物资源的影响。地球上的自然资源有再生资源（如水、森林、动物等）和不可再生资源（如石油、煤等）。要实现人类生存环境的可持续发展，必须对不可再生资源合理、节约地使用，即使是可再生资源，其再生能力也是有限的，且再生过程需要花费一定的时间，因此在工程实施过程中，对所在地具体的自然资源特征需要充分考虑。对所处环境能源的高效利用和对资源的充分利用与循环使用，可减少各种资源的消耗。当地气候条件对物种的选择也很重要。例如，在我国亚热带、暖温带，曾通过以凤眼莲为主的生态工程来处理与利用污水，并获得显著的生态效益、经济效益和社会效益，但凤眼莲生长需要15℃以上的环境，同时需要较长时间的光照，因此，在我国北方地区就不宜选用凤眼莲作为污水处理的主要物种，可以种植芹菜、黑麦草等植物，来吸收水体当中的氮、磷等。

操作人员的经验和素质，以及工程实施地的经济水平是非常重要的。在设计过程中，必须根据当地的管理水平和社会要求，提出适合当地经济水平的生态工程设计的类型。环境生态工程由于需要投入大量的人力、物力与财力，因此在设计初期，必须对其产品的市场情况进行调查和对比分析，以确定生态工程的目标产品和辅助产品类型。传统的环境生态工程最主要的问题是不以经济效益为目的。这类工程虽然达到了环境治理的目的，但有的项目往往由于系统的运转需要持续性的经济支持，过重的经济负担使它们不能正常工作，甚至被迫中止。所以在环境生态工程的设计当中，必须在考虑到环境效益的前提下，顾及当地的实际经济水平，使系统在经济收支方面至少要达到平衡。

（二）整体性原则

环境生态工程研究与处理的对象是作为有机整体的"社会—经济—自然"复合生

态系统，或由异质性生态系统组成的，比生态系统更高层次的景观。它们是其中生存的各种生物有机体和非生物的物理、化学成分相互联系、相互作用、相生相克、互为因果地组成的一个网络系统。生态工程在设计上必须以整体观为指导，在系统水平上研究，并以整体控制为处理手段。

因此，在研究设计建立一个环境生态工程的过程中，必须在整体观指导下统筹兼顾。一个生态系统在自然和经济发展中往往有多重功能，各种功能的主次和大小常因地、因时而异。应按自然、经济和社会的情况与要求确定其主次功能，在保障与发挥主功能的同时，兼顾其他功能，统一协调与维护当前与长远、局部与整体、开发利用与环境和自然资源保护之间的和谐关系，以保障生态平衡和生态系统的相对稳定性，防止片面追求当前的局部利益而产生一些不利于可持续发展的问题。

（三）科学定量原则

环境生态工程目标具有多样性，不仅在经济上需要高效益，还要能实现环境治理，因此必须进行严谨的科学量化。无论是为了哪一种目标所设计的工艺流程，都需要细致地分析设计过程中物质、能量与货币的流动，同时要分析信息流的情况。一个工程可以由若干个组分或亚系统构成，对每个亚系统可以不了解内部详细的过程，即可以采用"黑箱"来处理，但亚系统的总输入与总输出结果必须清楚，这样才能考察工程的效果。此外，环境生态工程还需要考察工程净化环境的能力及治理环境的效应。净化能力以污染减轻的程度为准，或以未曾受污染的环境本底值为准，污染减轻的程度越深，其环境效益越高。环境生态工程最后要走向废物的充分利用，不但要计算它们的直接经济效益，还要计算宏观的社会经济效益和生态环境效益。

二、生态工程设计的路线

（一）明确目标

环境生态工程的对象是"社会—经济—自然"复合生态系统，是由相互促进而又相互制约的三个系统构成的。任何环境生态工程必须重视复合系统的整体协调的目标，即环境是否被保护，经济条件是否有利，社会系统是否有效等，并据此确定相应的目标。

（二）背景调查

因地制宜是环境生态工程顺利实施的前提条件，只有正确了解和掌握当地的社会、经济和环境条件，才能充分发挥和挖掘当地的潜力，实现预先设定的目标。

背景调查主要包括以下两个方面。

1. 自然资源条件

自然资源条件包括生物资源、土地资源、矿产资源和水资源等。例如，在有充足的土地资源和水资源的地区，若生物资源和矿产资源严重不足，那在该地区的工程实施就需要增加生物资源的量，或引种新的经济品种，或开发该地区已经存在的但资源量比较少的生物品种。相反，在生物资源比较丰富的热带地区，土地资源相对不足，则需要在环境生态工程的设计上寻找突破点。

2. 生态环境情况

当地的生态环境情况是工程实施的依据，其最重要的目标是生态环境的治理，因此生态工程的基础是生态系统，生态系统的中心是生物种群，而生物种群的存活、繁殖和生长均受到生态环境条件的制约。

（三）系统分析

1. 确定资源的特征

确定资源的特征包括明确环境系统中资源的数量、质量和时空分布特性。通过定性和定量分析，评估资源的开发利用价值和合理利用限度。这一步骤是基于对环境背景的深入了解，从而为后续的决策提供重要的数据支持。例如，对于一个森林生态系统，研究者需要确定森林覆盖率、不同树种的分布情况、土壤质量等因素，以评估森林资源的可持续利用程度。

2. 分析约束因素

分析约束因素包括识别环境对系统的约束因素和程度，尤其是不利影响和障碍因子的大小与作用。同时，需要确定约束的临界值或极值，以预测环境的发展变化。人类活动对环境的积极影响和消极影响也需要纳入考量范围，如环境污染和破坏的趋势预测。通过这些分析，可以制定出综合利用与保护相结合的环境政策与对策，从而实现生态系统的可持续发展。例如，对于一个湿地生态系统，研究者需要考虑城市化进程对湿地的影响，以及不同开发活动对湿地生态系统的约束程度，从而制订出合理的湿地保护和管理计划。

3. 确定发展方向

在确认了系统现实状态功能和理想状态功能之间的差距及原因后，需要提出要解决的关键问题和问题范围，并初步确定系统的发展方向和目标。这一步骤旨在为未来的规划和决策提供指导，使生态系统能够朝着更加健康、稳定和可持续的方向发展。例如，针对一个受到过度捕捞影响的渔业生态系统，研究者可能提出恢复渔业资源、改善渔业管理制度等发展方向，以实现渔业生态系统的可持续发展目标。

（四）工程建设与运行

在系统分析的基础上，通过对各子系统及其相应关系进行必要的调整，并对局部进行改造，以协调系统内各子系统之间的关系、系统与环境之间的关系，以及系统各发展阶段之间的关系，以便最终实现设计目标。

（五）生态工程的更新

环境生态工程的更新包括以下两个方面的含义。

第一，系统由有序向更高有序状态发展，即根据生态工程系统演替的客观规律和发展要求，促进生态系统的更新，使新的生态系统较原有系统具有更稳定的结构与生产力。

第二，根据社会日益深化的环境意识和不断提高的环境质量标准，不断调整环境生态工程系统对污染物的同化范围与水平，这也是环境生态工程优于常规环境污染治理措施的又一重要特征。

三、生态工程的主要方法

（一）利用生态系统的自净能力消除污染

正常的生态系统具有一定的自净能力。如果进入环境的污染物未超过生态系统的自净能力，则生态系统可以经过自净作用消除污染物，使被污染的环境逐渐恢复正常，生态系统得以稳定平衡地发展。相反，若污染物进入环境的数量超过了生态系统的自净能力，则会导致环境恶化，生态平衡被破坏。

在利用生态系统消除污染的时候，需要明确环境容量的概念。在人类生存和自然生态不受影响与危害的前提下，也可以说是在污染物浓度不超过环境基准（或标准）的前提下，一定地区污染物的最大容纳量，称为该地区对某污染物的环境容量。环境容量的研究和确定为污染的综合防治、污染负荷定量控制提供了科学依据。定量控制是指一定时期一定地区内，在综合考虑经济、技术、社会等条件的基础上，通过向污染源分配污染物排放量的形式，将全区的排放量控制在环境质量允许的浓度范围内。

（二）人工湿地对污水的处理

跟天然湿地相比，人工湿地同样拥有透水性的基质和能够在饱和水、厌氧基质中生长的植物，从成分上比较，天然湿地跟人工湿地的区别不大。人工湿地中包含的基质主要是为其中的植物提供养分支持，同时还能够为湿地周围的微生物提供一定的附着场所。人工湿地需要具备强大的稳定性和吸附能力，才能够为污水处理做好准备。

人工湿地在选择其中的植物时，要选择容易管理、容易生长、抗污能力比较强的植物，以更好地提升人工湿地的利用效率，同时为湿地中微生物的生长提供良好的环境。植入植物之后，污水会在基质中流动，从而为植物的生长提供营养，同时植物不断地吸收污水中的各种物质，起到污水净化的效果。湿地的污水净化功能，就是利用系统中的基质、水生生物等协同进行工作，通过基质的过滤、水生植物的吸附和沉淀起到污水净化作用。

人工湿地的污水处理系统跟传统的污水处理厂建设相比，建设费用和运转费用都相对较低，同时污水处理效果更好，综合利用价值较高，因此我国正在不断加强人工湿地污水处理技术的研究和开发。此外，人工湿地还具备强大的生物修复能力，能够在保护水资源的同时净化水资源，还能够利用污水净化来调节气候，吸收二氧化硫和氮氧化物等有害气体，比污水处理厂更加具有利用价值。但是，人工湿地污水处理系统容易受到周围环境和气候的影响，因为人工湿地中植物是重要的组成部分，植物的生长周期跟环境和气候是有密切联系的，因此一旦周围环境出现问题，会直接影响人工湿地中的植物生长，从而导致污水处理功能下降。

从经济角度来看，人工湿地污水处理系统以自然资源为基石，其建设和运营成本显著低于传统污水处理厂，维护过程也相对简单，显著提升了污水处理的经济效益。这种经济效益不仅体现在初建阶段，更贯穿于整个运营周期，为城市污水处理提供了经济可行的解决方案。

在技术层面，人工湿地污水处理系统展现了高度的灵活性和多样性。通过选用不同的人工基质，如石灰石、土壤、细沙等，系统能够根据水质特性和处理需求进行个性化配置，实现精准净化。同时，水生植物如灯芯草、浮萍、芦苇等的引入，不仅丰富了生态系统的多样性，还显著提升了系统的净水能力，尤其在去除农药和重金属等有害物质方面，展现出优异的性能。

人工湿地污水处理系统不仅局限于污水处理的单一功能，其多样化的功能特性赋予了其更为广泛的应用前景。该系统在净化污水的同时还能增加城市绿地面积，美化城市生态环境，提升居民的生活质量。此外，作为城市生态系统的重要组成部分，人工湿地还有助于维持生态平衡，促进社会和生态的和谐共生。

（三）氧化塘对污水的处理

氧化塘作为一种常见的废水处理工艺，其工作原理主要涉及生物和化学过程的协同作用。当废水进入氧化塘后，固体污染物会沉淀至塘底形成污泥，而有机物则在厌氧条件下被微生物分解，产生沼气并逸出水面。同时，溶解的二氧化碳、氨等物质也会释放到水体中。随后，有机物进一步经微生物在有氧条件下分解，释放氨和二氧化碳，这些物质提供了藻类繁殖所需的养分。藻类通过光合作用释放氧气，供给微生物继续分解有机物，形成良性循环。

氧化塘具有基建、运行、管理费用低廉，节能、操作简易的特点，同时性能稳定可靠，具有高效的污染物去除能力。它不仅能去除生物易降解的有机物，还能去除氮、磷等营养物质，以及病原菌、病毒和难降解的有机物。此外，氧化塘还可以实现污水资源化利用，通过种植水生植物和养殖鱼、虾、贝、鹅等生物，将污水中的有机物转化为可利用的资源，实现污水资源的循环利用，从而达到环境保护和可持续发展的双重目的。

（四）固体废物的处理

经济的快速发展虽然改善了人们的生活品质，但也加大了固体废物的产生量，并且固体废物的种类不断增加，若不及时处理这些废弃物，可能会对人体产生一定的危害。当前我国对固体废物的处理高度重视，并投入了充足的资金用于处理技术研发和保障处理工作。然而固体废物处理时具有土地占用量大的特征，若是所应用的处理方式不当，会破坏与污染生态环境，因此提高固体废物处理技术很重要。

固体废物是一种比废水或废气所产生的环境污染广度更高的物质，由多种不同的污染物组合而成。自然环境下，固体废物中的有害成分会向大气中渗入，也会淋溶至水体或土壤当中，成为参与生态系统循环的物质，长期潜伏在环境当中，从而对生态环境产生破坏。目前，世界各国均将固体废物的处理作为保护生态环境的重要举措。

1. 固体废物类别划分

2024 年 1 月，"生态环境部相继印发《固体废物分类与代码目录》（以下简称《目录》）和《固体废物污染环境防治信息发布指南》（以下简称《指南》）。《目录》的印发，标志着我国首次对固体废物的种类进行细化，并对代码进行统一。《目录》按照'五大种类、三级分类'的框架，将工业固体废物、生活垃圾、建筑垃圾、农业固体废物、其他固体废物等五大类固体废物细分为 35 类 200 余种，基本实现了固体废物种类全覆盖，为后续加强固体废物环境管理奠定了基础"。[①]

（1）工业固体废物。工业固体废物主要来源于工业生产过程，包括各种生产废料、废渣、废旧设备等。这些废弃物往往含有重金属、有毒化学物质等有害物质，对环境和人体健康构成潜在威胁。

---

① 李丹蕾. 生态环境部发文细化固体废物种类 [J]. 精细与专用化学品，2024，32(4): 52.

（2）生活垃圾。生活垃圾来自居民日常生活，包括食品残渣、纸张、塑料、玻璃、金属等各种可回收和不可回收的物品。生活垃圾的数量庞大，处理不当会对城市环境造成严重影响。

（3）建筑垃圾。建筑垃圾一般是在建设过程中或旧建筑物维修、拆除过程中产生的。不同结构类型的建筑所产生的垃圾各种成分的含量虽有所不同，但其基本组成是一致的，主要由土、渣土、散落的砂浆和混凝土、剔凿产生的砖石和混凝土碎块、打桩截下的钢筋混凝土桩头、金属、竹木材、装饰装修产生的废料、各种包装材料和其他废弃物等组成。

（4）农业固体废物。农业固体废物也称农业垃圾，是指农业生产活动（包括科研）中产生的固体废物，包括种植业、林业、畜牧业、渔业、副业五种农业生产产生的废弃物。

（5）其他固体废物。其他固体废物包括城镇污水污泥、清淤疏浚污泥、实验室固体废物。

2. 固体废物处理技术

（1）焚烧处理技术。固体废物可通过焚烧在高温状态下分解，或得到深层次的氧化，从而实现固体废物中有害物质向无害物质的转化。焚烧处理技术的应用有利于处理效率的提高，并且无须占用大量土地。但焚烧时会产生较多的烟尘及有害气体，导致大气环境遭到再次污染。

（2）堆肥处理技术。堆肥处理固体废物的主要原理是利用微生物进行发酵，在此过程中可通过分解将固体废物当中具有毒性的物质转化为无毒物质。通常生活垃圾处理时会利用此技术，这是因为生活垃圾当中的有机物含量较多，可通过堆肥获取更多可在农业生产中二次利用的肥料。温度适宜状态下，堆肥处理时会加快微生物的生长，从而建立一个反馈系统。微生物当中嗜热性及中温性微生物的存在均对堆肥效率的提高具有一定助益。目前，我国堆肥处理技术尚未建立起健全的体系，存在部分塑料物质分解不够完全的问题，这是未来此技术优化的主要方向。

（3）压实处理技术。通常固体废物的存放会占用一定的土地资源，可利用压实技术对其进行减容处理，可通过固体废物体积的缩小减少其运输费用，也可使垃圾填埋场的使用寿命得以延长。此技术通常主要应用于汽车或其他较为松散的废物处理中。

（4）破碎处理技术。堆肥或焚烧处理时，体积过大的固体废物处理效率会大大降低，因而需要通过挤压、冲击或剪切等方式将之破碎成体积较小的固体废物后再进行处理。此外，也可利用低温、摩擦或者湿式处理等方式进行破碎。此种方法可缩小固体废物的体积，消除固体废物之间的空隙，缩小其尺寸、增强其质地的均匀性，使堆肥处理、焚烧处理过程更加顺畅与高效。

（5）分选处理技术。此技术是指针对固体废物进行挑选，分离有害物质，二次利用有价值物质，从而降低固体废物的产生量，将固体废物转化为可利用资源。分选处理技术是指根据物料性质的不同采取差异化的分离方式，可采用粒度尺寸差异进行废弃物的分离，也可采用磁力分选法将具有磁性的废弃物从无磁性废弃物中分离出来。开展分选工作时可采取手工拣选方式，也可采取重力分选法。此外，还有光学分选法及涡电流分选法等现代化分选方式。

3. 创新型固体废物处理技术

（1）热解处理技术。此技术适用于在无氧或低氧状态下通过加热蒸馏的方式使有机物在高温状态下得到分解，经过冷凝处理使之转化为气体、液体或是新的固体，再对这些物质进行提取处理，得到可利用的气体、固体燃料或液态油。相较于焚烧处理技术而言，其污染性较小，不会产生大量残渣，可使固体废物的体积缩小，且处理时具有固定重金属和硫元素的作用，可降低其在环境中的转移率，以此降低对人体健康产生的危害。

（2）微生物处理技术。此种固体废物处理技术是指通过微生物的自身代谢功能进行固体废物的分解，从而消除其中的有害物质，化有害为无害。如可养殖蚯蚓，用之处理固体废物。通常蚯蚓的日垃圾吞食量为其体重的300%，且蚯蚓排出的粪便利于将固体废物转化为利于农业生产的生物肥料。此外，国外还通过蟑螂进行固体废物的分解，将之转化为有机肥料。采用此种处理方式所产生的处理成本相对较低，并且环保性较强，因而微生物处理技术可广泛应用。

（3）资源化处理技术。固体废物并不是完全无价值的，可采用资源化处理技术将其中有价值的成分转化为可再次利用的资源。此种方式既可降低对环境的污染与破坏，也可产生一定的经济收益。资源化处理技术是常用于建筑垃圾处理中的一项技术措施，此技术的应用率较高，可在固体废物中添加适量的生化制剂及配物料，通过搅拌使这些物质产生生化反应，再采用注模成型的方式，将废弃建筑垃圾转化为可利用的复合建筑材料。资源化处理时通常不会产生废水或废渣，并且技术经济性较高。

第三节　生态修复的设计路径

所谓生态修复，是指依托物质循环、生态均衡、生态工程学的机理或者技术举措的方式，对处于毁坏、污染状态下的生物（包含多种生物种类在内）生存与成长形态的改进或者重新、治理、恢复。它包括改善生物赖以生存的化学和物理条件、优化和修复食物链环境，等等。

一、生态修复的原理

（一）污染物的生物吸收与积累机制

水源或者土地中的重金属含量达到较高浓度后，植被会程度不等地依托根系将重金属吸入体内，吸入数目的多寡主要由植被根系的生理性能和根际圈中生物类型构成、重金属类型与占比、土地的理化属性、氧化—还原电位等决定，吸入的内在原理当前还不清晰。

（二）有机污染物的转化机制

植物对重金属的吸收可能存在以下三种情形。

第一，全面的"避"。分析其成因，或许是当根际圈中的重金属所占比例处于较低水平时，植被根系依托本身的调整功能对自身进行有效保护。然而或许存在这种情形：无论根际圈中重金属的占比是高还是低，植被自身都拥有"避"的功能，能够不受重金属的污染，然而该状况存在的概率较低。

第二，植物对重金属的适应性调节是其应对环境压力的一种重要机制。然而，这种适应性调节往往会导致植被生物量的降低。一方面，重金属对植物的根系和茎叶造成损害，限制了其正常生长和发育。根系是植物吸收水分和营养的重要器官，而重金属的积累和毒性会对根系造成直接的伤害，影响其吸收功能。另一方面，茎叶的受损会导致光合作用和呼吸作用受阻，影响植物的生长效率和养分吸收能力。因此，尽管植物通过适应性调节来应对重金属的压力，但这种调节往往会导致植被的生物量降低。

第三，某些植物可能通过遗传机制将重金属作为营养源，从而在高重金属浓度的环境中存活下来。这些植物具有特殊的基因组结构和生物化学途径，使其能够耐受重金属的毒性作用。例如，一些金属超富集植物能够通过根系特殊的金属转运蛋白将重金属从土壤中吸收到植物体内，并将其转运到植物体内的特定部位进行积累或转化。因此，这些植物即使生长在高重金属浓度的土壤中，也能够不受伤害地生存，并且可能在一定程度上改善土壤中的重金属污染。

植物的根部具有较高的清除有机污染物的能力，是土壤修复和污染治理的重要工具之一。植物根系通过木质化作用或代谢作用将有机污染物储存、转化或挥发，减少其在土壤中的积累和毒性。然而，植物吸收有机污染物的水平受到多种因素的影响，包括植物自身的特性、污染物的类型和环境属性等。例如，不同类型的植物对有机污染物的吸收能力存在差异，一些植物对特定类型的有机污染物具有较高的吸收能力，而对其他类型的污染物则相对较低。此外，土壤的 pH、有机质含量以及其他生物和环境因素也会影响植物对有机污染物的吸收与清除能力。通常而言，植被根系对于无机类的污染物，如重金属的吸入水平要比有机污染物吸入水平高，植被根系对有机污染物的清除，大多依托根系分泌的物质对污染物进行分解等。另外，植被的根不再具有生命力之后，会向土地中释放一定数量的过氧化物酶、脱卤酶、漆酶、硝酸还原酶等，还能够发挥分解功能。

细菌等微生物也可以积累大量的重金属，但由于这些微生物难以去除，并且虽然重金属在这些微生物体内可能会发生转化而暂时对环境无害，但微生物死亡后重金属又会重新进入环境并继续形成潜在危害。因此，这种机制对于重金属污染土壤或水体的修复意义不是很大。

植物降解功能也可以通过转基因技术得到增强，如把细菌中的降解除草剂基因转导到植物中产生抗除草剂的植物，这方面的研究已有不少成功的例子。因此，筛选培育具有降解有机污染物能力的植物资源十分必要。当前，植被分解有机污染物的探究大多将水生植物作为对象，这或许是因为水生植物有面积较大的富脂性表皮，容易吸入亲脂性有机污染物。阿特拉津是人们使用概率较高的一种除草剂，其在土地中会留存特别大的比重。地肤属植物对阿特拉津有明显的吸收作用，可显著减少土壤中多年沉积的阿特拉津、异丙甲草胺等其他农药。

（三）有机污染物的生物降解机理

生物降解是一种利用生物自身代谢功能，将污染物分解为单一化合物的过程。微生物在生物降解中扮演着重要的角色，因为它们具备多种化学作用，如氧化—还原、脱羧、脱氯、脱氢和水解等。这些微生物具有高效的能量利用和适应环境变化的能力，能够将大多数有机污染物降解为无机物，如二氧化碳和水。然而，有机污染物的生物降解性取决于它们本身是否具备生物降解性，即在微生物的作用下转化为单个小分子的可能性。自然形成的有机化合物几乎可以被微生物完全降解，因为它们与微生物共同演化并形成了相互适应的关系。相比之下，合成有机化合物的降解过程则更为复杂。这是因为合成有机化合物通常不是自然环境中存在的，微生物可能缺乏对其进行降解的酶系统。此外，合成有机化合物的结构复杂，需要更多的时间和能量来分解。因此，合成有机化合物的生物降解过程可能需要更长的时间，并且有时甚至无法完全降解。

数以百万计甚至数以千万计的有机污染物中的大部分是可以利用生物技术降解的，

并且，一些专性或者非专性分解微生物的分解功能和内在工作原理已经探究得比较深入，然而中国依旧有很多企业产生的有机污染物是难以降解或者自己无法有效降解的。这就需要更好地了解微生物降解的机理，以提高微生物降解的潜力，同时也需要合成新的可生物降解的化学品进行试验。此外，应明确禁止使用不可生物降解的化学品，以利于人类和生态的可持续发展。

细菌是自然界中重要的生物降解剂之一，通过其代谢活动可以直接降解有机污染物。细菌以环境中的有机质为主要营养源，这使它们在降解有机污染物的过程中起到了重要作用。一些细菌种类可以利用植物根分泌的酚醛树脂，如多氯联苯（PCBs）和2,4-二氯苯氧乙酸（2,4-D）等有机污染物作为营养源。对于低分子质量或低循环有机污染物，细菌主要进行有机化合物的矿化作用，将其转化为无机物。然而，具有高相对分子质量和多环结构的有机污染物则通常采取共代谢的方式降解，这意味着它们被细菌转化为中间代谢产物，而非直接利用其作为能源或碳源。在这个过程中，这些污染物通常由多种类型的细菌共同降解，这体现了细菌群落在生物降解过程中的复杂性和多样性。然而，现实中也存在特定细菌能够单独降解某些特定的有机污染物的情况，这可能与它们的代谢途径、酶系统以及适应环境的能力等因素有关。

二、生态修复的方法

（一）物理修复

所谓物理修复是指依据物理学原理，使用相应的项目技术，让受污成分部分或者全部清除，抑或转变成对环境没有不良影响的污染环境整治方式。相较于其他修复方法，物理修复一般需要研制大中型修复设备，因此其耗费也相对昂贵。

物理修复方法有很多，如污水处理中的沉淀、过滤和气浮等，大气污染治理的除尘（重力除尘法、惯性力除尘法、离心力除尘法、过滤除尘法和静电除尘法等），污染土壤修复换土法、物理分离、蒸气浸提、固定和低温冰冻，等等。

（二）化学修复

化学修复是一种利用添加到环境载体中的化学修复剂与污染物发生化学反应，以达到使污染物分解、降解或转化为无害物质的技术。根据污染物和介质的特征，化学修复手段可分为多种形式。例如，可通过注入液体、气体或活性胶体到地表水、下表层介质或含水土层中，或在地下水路径上设置渗透性反应墙以过滤污染物。添加的化学成分涵盖增溶剂、还原剂、解吸剂或氧化剂等，根据具体情况选择合适的成分进行修复。这些化学成分通过与污染物发生各种化学反应，如溶解、还原、吸附或氧化，将有害物质转化为无害或低毒的物质，从而实现环境的修复和保护。不管是创新工艺，如液压破裂工艺，还是土壤深度混合工艺，抑或常规的注射工艺，其目的均是把化学成分深入土壤内或和水体有效结合。一般状况下，均是依据土壤特点与污染物类别，当生物修复法的效率与范围无法让土壤恢复需求得到满足时，才使用这种修复方式。

化学修复方法应用范围十分广泛，如污水处理的氧化还原、化学沉淀、萃取和絮凝等；气体污染物治理的湿式除尘法、燃烧法，含硫、氮废气的净化等。在污染土壤修复方面，化学修复技术发展较早，并且相对成熟。污染土壤化学修复技术目前主要涵盖这些技术类型：①化学还原和还原脱氯修复技术；②溶剂浸提技术；③土壤性能改良修复技术；④化学淋洗技术；⑤化学氧化修复技术；等等。

化学淋洗技术在污染物降解与吸附方面的功能更突出。化学氧化修复技术是一种对污染物类型和浓度不是很敏感的、快捷的、积极的修复方式；化学还原与还原脱氯修复技术则作用于分散在地表下较大、较深范围内的氯化物等对还原反应敏感的化学物质，将其还原、降解。

（三）微生物修复

所谓微生物修复，是指运用人为培育的或自然存在的专性微生物对污染物的分解、吸纳、代谢等功能，把环境中含有毒性成分的污染物转变成无害成分乃至彻底清除的环境恢复技术。

微生物修复是人们采用生物措施对受污生态进行治理的早期方式，并且对于污水的处置而言其运用技术较为成熟，取得的效果也比较理想。

（四）植物修复

所谓植物修复，是指近些年产生的依托植被和其根际圈微生物作用机制的吸纳、分解、转化的功能将污染物清理的生态环境整治技术。植物修复的具体方法如下。

第一，利用植物根际圈共生或非共生特效微生物的降解作用，净化有机污染物污染的土壤或水体。

第二，依托挥发植被，采用气体挥发的方式对受污的水源或者土壤进行修复。

第三，依托固化植被，将水源或者土地中的无机污染物或有机污染物进行钝化，让其对植物的有害性减弱。

第四，依托植被自身具有的转化、降解、运用功能，让污染物得以降解，或者转变为无害物质。

第五，依托绿化植被，对受污空气进行净化。

广义维度的植物修复包含依托植被和根际圈微生物机制修复受污土壤、净化水体（如水体富营养化的治理等）；狭义的植物修复主要是指植物及其根际微生物系统对污染土壤或水体的净化，而植物修复一般是指从污染的土壤或水体中提取重金属超积累植物，以去除污染土壤或水体中的重金属。

修复植物是指能够满足污染环境修复要求的特殊植物，如能够直接吸收和转化有机污染物的可降解植物。

要将植物修复与微生物修复完全分开是不可能的，因为对于绝大多数植物来说，植物的生命活动与其根际环境中微生物的生命活动是密不可分的，许多情况下还会形成共生关系，如菌根（真菌与植物共生体）、根瘤（细菌与植物共生体）等。所以，在修复植物对污染物起作用的同时，其根际圈微生物体系也在起作用，只不过植物对污染物修复起主导作用，因而，将其称为植物修复。而对于以微生物降解为主要机制的根际圈生物降解修复来说，对污染物起到修复作用的主要是根际圈微生物体系，尽管植被能够转化或者降解某些污染物，然而发挥主导功能的依旧是微生物，植被不过是为这些微生物的存活提供了更为优良的条件，然而这些条件是十分关键的。为此，根际圈生物降解修复还可以叫作植被—微生物协同修复。

（五）自然修复

生态系统本身具有惊人的自然修复能力，这一过程包括多个方面的功能，如污染物自净化、植被再生、群落结构重构以及生态系统功能的修复。这种能力的理论支撑是多方面的，包括定居限制理论、演替理论、种子库理论、生态因子互补理论和自我设计理论等。生态系统的自净化能力依赖于生物地球化学循环的运作，例如土壤中的重金属可以通过化学和物理反应被失活或转变，从而减少其对环境的毒性。水资源中的污染物质也具有自减弱的能力，这有助于减小其对环境的危害。在生态系统恢复的过程中，损坏的植物可以依靠土壤中的种子库和先锋植被来提供基础。即使受到严重破坏，仍然存在永恒型种子库，为植被的恢复提供了希望。生态系统还能够利用自身的修复功能来重建群落的架构，根据种子库中记录的物种关联，形成稳固的群落结构。根据自我设计理论，退化的生态系统可以根据自身的生态状况进行科学组织，形成固定的群落结构，从而促进生态系统的稳定和恢复。对丧失的生态体系性能，尽管天然修复难以如同人力修复一样定向并且全方位地对有关影响要素进行修复，然而生态因素的调整性水平、因子数量的增多或者增强可以弥补一些因子不足所导致的不良影响，生态体系具有近似的生态性能。例如，土体中微生物数量的增多能够提升营养物质的活性进而改变土地肥力不理想的情况，提升系统生物生产数量。

第四节　生态工程与生态修复设计实践

随着人类活动的不断扩展，自然环境面临着日益严重的破坏和污染问题。为了实现可持续发展，生态工程与生态修复设计成为现代环境保护的重要手段。本节将围绕城乡绿化美化建设、清洁小流域建设以及废弃矿山修复三个实践要点，通过列举具体实例，详细阐述生态工程与生态修复设计的实践方法和过程。

一、城乡绿化美化建设

在全球化与工业化浪潮中，城市化进程显著加速，随之而来的是城市绿地面积的锐减与生态环境的逐步恶化。这不仅影响了城市居民的生活质量，也对城市的可持续发展构成了严重威胁。因此，城乡绿化美化建设成为当前城市建设与生态治理的重要课题。这一实践旨在通过植树造林、建设公园绿地等措施，有效增加绿地面积，优化生态环境，从而提高居民的生活质量，促进城市的绿色、和谐、可持续发展。

（一）树种选择与配置的科学化

城乡绿化美化建设中的树种选择与配置，是确保绿化效果与生态效益的关键。在树种的选择上，需充分考虑当地的气候条件、土壤类型、降水分布等因素，选择适应性强、生长迅速、生态效益显著的树种。同时，还需注意树种的多样性，合理配置乔木、灌木、地被等植物，形成多层次、多功能的植物群落，以满足不同生态需求。

在配置过程中，应遵循生态学原理，注重植物群落的稳定性与可持续性。通过合理的种植密度、种植方式以及植物间的相互作用，促进植物群落的自然演替与自我更新，实现生态系统的良性循环。

（二）绿地规划与布局的精细化

绿地规划与布局是城乡绿化美化建设的重要环节。在规划过程中，需紧密结合城市发展规划，科学划定绿地空间，确保绿地分布的均衡性与合理性。同时，还应注重绿地与道路的衔接，优化绿地与周边环境的融合，方便市民出行与休闲。

在布局上，应充分考虑绿地的功能性与景观性。通过设计具有特色的公园绿地、街头绿地等，为市民提供多样化的休闲空间。同时，还应注重绿地的生态功能，如防洪排涝、净化空气、降低噪声等，实现绿地与城市功能的有机结合。

（三）绿化养护与管理的专业化

绿化养护与管理是保障城乡绿化美化建设成果的关键环节。在养护过程中，应加强对绿地的日常检查与监测，及时发现并处理病虫害、枯萎等问题。同时，还应注重植物的修剪、浇水、施肥等养护工作，确保植物的健康生长与良好景观效果。

在管理上，应建立健全绿化养护管理制度，明确养护责任与标准。通过引入专业的养护团队与管理机构，提高养护工作的专业化水平。同时，还应加强对市民的宣传教育，提高市民的环保意识与参与度，共同维护城市的绿化成果。

二、清洁小流域建设

小流域作为河流体系中的基本单元，其生态环境质量不仅关乎局部水域的健康，更是影响整个河流生态系统稳定与功能发挥的关键因素。随着人类活动的不断加剧，小流域生态环境面临着日趋严重的挑战，出现了包括水源污染、水土流失、生物多样性减少等一系列问题。因此，清洁小流域建设成为当前生态环境保护与治理的重要任务。通过实施清洁小流域建设，可以有效提高小流域的生态环境质量，保障水源安全，维护河流生态系统的稳定性，促进可持续发展。

（一）小流域水源保护

水源保护是清洁小流域建设的首要任务。需要加强小流域水源地的保护，通过划定水源保护区、建立水源保护制度等措施，严格控制污染源，防止污染物质进入水源地。同时，要加强水质监测，及时掌握水质状况，确保水质安全。此外，还需加强水源地的生态修复，提高水源涵养能力，保障水资源的可持续利用。

（二）小流域生态修复

生态修复是清洁小流域建设的重要手段。针对小流域生态环境受损的问题，需要采取植被恢复、生态护坡等措施，修复小流域的生态环境。植被恢复可以通过种植适宜的植被提高小流域的植被覆盖率，增强生态系统的稳定性和自我修复能力。生态护坡则可以通过采用生态材料和技术构建稳定的坡面结构，防止水土流失和滑坡等自然灾害的发生。此外，还需加强水土保持工作，通过建设水土保持设施、推广水土保持技术等措施，减少水土流失，提高小流域的生态环境质量。

（三）小流域污染治理

污染治理是清洁小流域建设的关键环节。需要对小流域内的污染源进行全面排查和治理，减少污染物排放。对于工业污染源，要实施严格的排放标准和管理制度，加大监管和执法力度，确保企业达标排放。对于农业污染源，要推广生态农业技术，减少化肥和农药的使用量，降低农业面源污染。对于生活污染源，要加强污水处理设施建设和管理，提高污水处理率，减少污水直接排放对小流域的污染。

此外，在清洁小流域建设的实践中，还需要注重科技创新和促进公众参与。通过引进先进的生态治理技术和设备，提高治理效率和效果。同时，要加强宣传教育，提高公众对清洁小流域建设的认识和参与度，形成全社会共同参与的良好氛围。

"生态清洁小流域建设涉及水利、农业农村、林业、乡村振兴、自然资源、交通、文旅、环保、住建等多个部门，要将治山、治水、治污、村庄亮化、产业发展等统一规划，对山、水、田、林、路、村进行整体布局，各部门措施相互搭配，融为一体，才能发挥整体效益，实现综合目标。"[①]

三、废弃矿山修复

废弃矿山修复是一项综合性的生态工程，旨在通过科学的方法和手段，对矿山开采后遗留的废弃地进行生态恢复和治理，以恢复其生态环境和生态功能，实现资源的可持续利用。随着工业化进程的加速和矿产资源的大量开采，废弃矿山的环境问题日益凸显，废弃矿山修复的实践和研究显得尤为重要。

矿山开采活动在带来经济效益的同时，往往对周边环境造成严重的破坏和污染。废弃矿山往往存在地形破损、土壤贫瘠、植被破坏、水体污染等一系列环境问题，不仅影响周边居民的生产生活，也对生态系统的稳定性和健康构成威胁。因此，废弃矿山修复不仅是环境保护的必然要求，也是实现可持续发展的重要途径。

（一）废弃矿山地形重塑

地形重塑是废弃矿山修复的首要步骤。通过对废弃矿山进行地形重塑，可以消除安全隐患，恢复土地利用价值。地形重塑包括削坡、填沟、平整等工程措施，旨在将废弃矿山的地形恢复到适合植被生长和土地利用的状态。同时，地形重塑还可以增加土壤厚度、改善土壤结构，为植被恢复提供基础条件。

（二）废弃矿山植被恢复

植被恢复是废弃矿山修复的核心内容之一。采用人工种植和自然恢复相结合的方式，在废弃矿山上种植适宜的植被，可以有效提高土壤质量，增加植被覆盖度，促进

---

① 李瑞忠. 山西省生态清洁小流域建设对策研究 [J]. 中国水土保持，2024(6): 29.

生态系统的恢复和稳定。在植被恢复过程中，需要充分考虑植被的生态适应性和生物多样性，选择适应当地气候和土壤条件的植物种类，构建合理的植物群落结构。同时，通过施肥、灌溉、病虫害防治等管理措施，提高植被的成活率和生长质量，促进植被的快速发展和生态系统的自我修复。

（三）废弃矿山污染治理

污染治理是废弃矿山修复的重要环节。矿山开采过程中产生的废弃物和污染物对环境与生态系统造成严重影响，必须进行治理和清除。污染治理包括固体废物治理、废水治理和土壤污染治理等方面。固体废物治理主要采用填埋、焚烧、资源化利用等方式，将废弃物进行无害化处理。废水治理则通过建设污水处理设施，对废水进行净化处理，达到排放标准后再排放或回用。土壤污染治理则通过化学、物理、生物等多种手段，去除土壤中的污染物，恢复土壤的健康状态。

在废弃矿山修复实践中，地形重塑、植被恢复和污染治理是相互关联、相互促进的。通过地形重塑为植被恢复和污染治理提供基础条件；通过植被恢复提高土壤质量，促进生态系统的恢复；通过污染治理减少环境污染，提高修复效果。三者协同作用，共同推动废弃矿山修复工作深入开展。同时，废弃矿山修复还需要考虑经济、社会、生态等多方面的因素，制订科学合理的修复方案，确保修复工作的可持续性和长期效益。

参考文献

［1］《北京环境保护丛书》编委会.北京生态环境保护 [M].北京：中国环境出版集团，
    2018.

［2］曹霞，冯莉.生态环境管理体制改革背景下基层环境规制问题研究 [J].经济问题，
    2019(3): 17-22, 55.

［3］陈红喜，刘东，袁瑜.生态文明视域下政府环境管理制度创新研究——基于推动
    科技创新视角 [J].科技进步与对策，2013, 30(20): 89-93.

［4］程馨雨，陶捐，武瑞东，等.淡水鱼类功能生态学研究进展 [J].生态学报，2019，
    39(3): 810-822.

［5］旦周文加.行政指导在生态环境管理中的实现 [J].区域治理，2019(49): 135.

［6］范帆.生态环境管理研究 [M].北京：中国原子能出版社，2021.

［7］黄忠平.生态环境保护行政管理体制改革方案初探 [J].环境与发展，2017, 29(3):
    261.

［8］李丹蕾.生态环境部发文细化固体废物种类 [J].精细与专用化学品，2024, 32(4):
    52.

［9］李权荃，金晓斌，张晓琳，等.基于景观生态学原理的生态网络构建方法比较与
    评价 [J].生态学报，2023, 43(4): 1461-1473.

［10］李瑞忠.山西省生态清洁小流域建设对策研究 [J].中国水土保持，2024(6): 29.

［11］李小等，常亮，段瑞，等.和田河中下游流域地下水水化学特征及其演化规律
    [J].干旱区地理，2024, 47(5): 753-761.

［12］林树涛.绿色发展视域下工业三废排放及治理方法研究 [J].中国资源综合利用，
    2022, 40(7): 175.

［13］刘晓奥.生态经济学对新古典环境经济学的启示 [J].商讯，2024(4): 142.

［14］刘雪婷.现代生态环境保护与环境法研究 [M].北京：北京工业大学出版社，
    2023.

［15］刘玉灿，田一，苏庆亮，等.我国地表水污染现状与防治策略探索 [J].净水技
    术，2021, 40(11): 62.

［16］马友佳.我国森林生态补偿法律制度研究 [J].林业调查规划，2023, 48(6): 31.

［17］师耀龙，陈传忠，魏俊山，等.加强生态环境监测机构监督管理的思考与分析 [J].

环境保护，2018，46(23): 56-60.

［18］宋海宏，苑立，秦鑫.城市生态与环境保护 [M].哈尔滨：东北林业大学出版社，2018.

［19］王洪艳.氮沉降对森林生态系统的影响研究 [J].青海农林科技，2024(1): 52.

［20］王开德，李耀国，王溪.环境保护与生态建设 [M].长春：吉林人民出版社，2022.

［21］王清军.我国流域生态环境管理体制：变革与发展 [J].华中师范大学学报（人文社会科学版），2019，58(6): 75-86.

［22］王卫杰.新时代推进海洋环境治理的难点与应对 [J].清洗世界，2022，38(4): 70.

［23］王先锋.浅析水土流失治理对水资源可持续利用的影响 [J].治淮，2024(4): 71.

［24］温飞，陈思瑾，王乃亮.流域生态安全研究 [M].兰州：兰州大学出版社，2022.

［25］吴晶晶，焦亮，张华，等.生态修复前后祁连山地区植被覆盖变化 [J].生态学报，2023，43(1): 408-418.

［26］吴喜双.生态行政的定位、价值及其实施路径 [J].宁德师范学院学报（哲学社会科学版），2012(4): 27.

［27］殷晓松.森林植被生态修复研究 [M].长春：吉林人民出版社，2020.

［28］张洪霞.新时代农村土地开发思路 [J].新农民，2024(9): 15.

［29］周际，赵财胜，张丽佳，等.矿区土地复垦与土壤修复研究进展 [J].东北师大学报（自然科学版），2023，55(1): 151-156.

［30］朱蕾.土地利用/覆被变化及对生态安全的影响研究 [M].上海：上海财经大学出版社，2022.

［31］訾纪云，牛荣.我国生态农业发展路径研究 [J].生态经济，2024，40(6): 230.